Einleitung in die Mengenlehre

Eine gemeinverständliche Einführung in das Reich der unendlichen Größen

von

Dr. Adolf Fraenkel
Privatdozent an der Universität Marburg

Mit 10 Textabbildungen

Springer-Verlag Berlin Heidelberg GmbH
1919

ISBN 978-3-662-42209-0 ISBN 978-3-662-42478-0 (eBook)
DOI 10.1007/978-3-662-42478-0

Vorwort

Das vorliegende Büchlein ist im Feld entstanden und aus dem Feld in Druck gegeben worden; die Anregung zu ihm verdanke ich Unterhaltungen, in denen ich Kriegskameraden (Nichtmathematikern) gelegentlich öde Stunden durch Einführung in Gedankengänge der Mengenlehre verkürzen konnte.

Wenn auch diese Entstehung in der Anlage der Schrift — namentlich im Zurücktreten der Literaturangaben — noch erkennbar sein mag, so wird dadurch doch der beabsichtigte Zweck nicht beeinträchtigt: eine kurze Einführung in eine der gewaltigsten Errungenschaften des menschlichen Geistes, in die Grundzüge der abstrakten Mengenlehre, zu bieten, verständlich für jedermann, der *Interesse* nimmt an der mathematischen Begründung des Unendlichgroßen und daher auch so viel *Geduld* mitbringt, um sich allmählich in etwas abstrakte Gedankengänge hineinzufinden. Vorkenntnisse mathematischer oder philosophischer Art sind hierzu in keiner Weise erforderlich.

Sollte die Schrift hiernach auch außerhalb mathematischer und philosophischer Kreise (z. B. auch unter interessierten Primanern) einige Leser finden, so dürften für solche vielleicht ein paar Ratschläge nützlich sein: Die ersten Abschnitte sind reichlich breit und wohl für jedermann ohne weiteres verständlich gehalten; ihre Lektüre mag dem Leser gleichzeitig eine gewisse Übung im abstrakten Denken verleihen, die ihm in den folgenden Teilen zustatten kommen wird. Dennoch und trotz der Beispiele, die von Anfang an zahlreich in die Überlegungen verstreut sind, wird sich der Nichtmathematiker gar manche Gedankengänge der späteren Abschnitte erst dadurch so recht zum geistigen Eigentum machen, daß er die betreffenden Stellen wiederholt durchliest und in sich verarbeitet. Will er von seinem

Ausflug in das Reich der unendlichen Größen nicht nur Nutzen, sondern auch Genuß haben, so darf er sich diese Mühe nicht verdrießen lassen (also sich nicht etwa damit begnügen, Satz für Satz festzustellen, daß die Entwicklung logisch einwandfrei ist und also wohl zutreffen wird). Zur Erleichterung sind einige verhältnismäßig schwierige und zum Verständnis des Nachfolgenden nicht unentbehrliche Stellen durch kleineren Druck gekennzeichnet; sie werden von dem weniger geübten Leser mit Vorteil bei der erstmaligen Lektüre überschlagen.

Andererseits hoffe ich auch dem Mathematiker — dem Studierenden sowohl wie dem Schulmann, der sich an der Universität nicht oder nur flüchtig mit Mengenlehre beschäftigt hat — sowie dem an dem Problem des Aktual-Unendlichgroßen interessierten Philosophen eine brauchbare Einführung vorzulegen. Gemäß dem skizzierten Zweck ist allerdings in den Vordergrund das Ziel gerückt, die Möglichkeit der einwandfreien Einführung „unendlicher Größen" und ihrer vernünftigen mathematischen Verwendung in helles Licht zu setzen; die mathematischen *Anwendungen* treten demgegenüber ganz zurück, namentlich wird die Theorie der Punktmengen nur flüchtig (im § 10) gestreift. Wer vom Standpunkt des Mathematikers aus das mengentheoretische Gebäude gründlich kennenlernen will, darf sich daher mit dem vorliegenden Büchlein nicht begnügen, sondern muß noch zu einer der am Schluß angeführten Schriften (am besten zu Herrn HAUSDORFFS „Grundzügen") greifen.

Dem Wunsch, möglichst leichte Verständlichkeit zu erzielen, durfte die mathematische Strenge nicht geopfert werden, wenn die Schrift für Mathematiker und Philosophen wirklichen Wert haben sollte. *Grundsätzliche* Schwierigkeiten werden daher nirgends verschleiert, sondern entweder aufgelöst oder es werden vereinzelt zurückbleibende Lücken ausdrücklich und unter weiterer Verweisung als solche bezeichnet. Im übrigen habe ich hin und wieder (namentlich an manchen Stellen der §§ 7 und 11) — und zwar stets unter Kennzeichnung dieses Sachverhalts — manche Beweise der Beschränkung des Umfangs zuliebe unterdrückt oder mich bei einzelnen Punkten mit Andeutung des Gedankenganges begnügt. Dem im übrigen beibehaltenen Grundsatz der Strenge entspricht es, wenn den logischen Paradoxien und namentlich der Axiomatik eine verhältnismäßig eingehende Behandlung gewidmet wird[1]). Dabei habe ich eine gewisse Breite der Darstellung, dem Zweck der Schrift entsprechend, grundsätzlich nicht gescheut; ich verweise gegenüber der Forderung nach „Eleganz" auf ein jüngst von Herrn EINSTEIN[2]) angeführtes Wort BOLTZMANNS: man solle die Eleganz Sache der Schneider und Schuster sein lassen.

Den Herren A. OSTROWSKI-Göttingen und G. WIARDA-Marburg danke ich für freundliche Hilfe und Ratschläge bei der Korrektur, ferner der SPRINGERschen Verlagshandlung für das während der Drucklegung geübte Entgegenkommen.

Marburg, im Januar 1919. **Adolf Fraenkel.**

---

[1]) Infolge der Eigenart der Entstehung des Büchleins habe ich leider die unmittelbar vor und während des Kriegs erschienene Literatur, nämlich die Werke der Herren HAUSDORFF und CARATHÉODORY und die axiomatisch-philosophisch gerichteten Schriften von J. KÖNIG, WEYL und BROUWER, erst während der Drucklegung bzw. nach ihrer Beendigung einsehen können.

[2]) Im Vorwort der Schrift: Über die spezielle und die allgemeine Relativitätstheorie (Braunschweig 1917; Sammlung Vieweg, Heft 38).

Inhaltsverzeichnis

[1]) Dieser Paragraph kann ohne Beeinträchtigung des Verständnisses der nachfolgenden Teile überschlagen werden.

§ 1. Einleitung.

„... so protestire ich ... gegen den Gebrauch einer unendlichen Größe als einer *Vollendeten*, welcher in der Mathematik niemals erlaubt ist. Das Unendliche ist nur eine façon de parler, indem man eigentlich von Grenzen spricht, denen gewisse Verhältnisse so nahe kommen als man will, während andern ohne Einschränkung zu wachsen verstattet ist.“ [1]) Diese aus dem Jahre 1831 stammende, gegen einen bestimmten Gedanken SCHUMACHERS gerichtete Äußerung des „princeps mathematicorum“, des einzigartigen C. F. GAUSS, formuliert eine Meinung, die in ganz allgemeinem Sinn bis vor wenigen Jahrzehnten Gemeingut der Mathematiker war und gerade durch die Autorität von GAUSS eine schier unangreifbare Stütze erhalten hatte. Die Mathematik sollte es hiernach nur mit „endlichen Größen“, die Null eingeschlossen, zu tun haben; das Unendlichgroße mochte ebenso wie das Unendlichkleine, mehr oder weniger unscharf definiert, allenfalls in der Philosophie eine kümmerliche Existenz fristen — aus der Mathematik blieb es verwiesen.

Einem erst während des Weltkriegs verstorbenen deutschen Mathematiker, dem Hallenser Professor GEORG CANTOR (3. III. 1845—6. I. 1918), blieb es vorbehalten, die GAUSSsche Behauptung in dem Sinn, in dem sie verstanden worden war, nicht nur zu bekämpfen, sondern auch zu widerlegen und dem Begriff des Unendlichgroßen das Bürgerrecht im mathematischen Königreich zu verschaffen, ein Bürgerrecht, das wohl andersartig, aber nicht weniger rechtmäßig ist als dasjenige der sonst in der Mathematik anerkannten Größen. Es hat außer der schöpferischen Intuition, von der CANTOR bei seinen Entdeckungen geleitet wurde, auch noch ungewöhnlicher Energie und Beharrlichkeit seitens des Entdeckers bedurft, um seine Anschauungen durchzuhalten und durchzu-

[1]) Briefwechsel GAUSS-SCHUMACHER, Bd. 2 (1860), S. 269; GAUSS' Werke, Bd. 8 (1900), S. 216.

fechten; wurden diese doch lange Zeit hindurch von der überwiegenden Mehrzahl seiner mathematischen Zeitgenossen als unklar oder falsch bekämpft, bis in das letzte Jahrzehnt des vorigen Jahrhunderts hinein, in dem CANTOR seinerseits (1897) seine schriftstellerische Tätigkeit abschloß. Nicht allein GAUSS wurde als Kronzeuge gegen den Begriff des Unendlichgroßen ins Feld geführt; auch gegen die philosophischen Autoritäten, gegen ARISTOTELES, LOCKE, DESCARTES, SPINOZA, LEIBNIZ mußte sich CANTOR verteidigen, und seine Lehre sollte nicht nur gegen die Wahrheiten der Logik und der Mathematik, sondern vollends gar gegen die religiösen Glaubenssätze verstoßen.

In welcher Weise dennoch, all diesen Autoritäten zum Trotz, ganz bestimmte und untereinander scharf unterscheidbare unendliche Größen in die Mathematik eingeführt und wohldefinierte Rechenoperationen mit ihnen gelehrt werden können, dies im Zusammenhang darzustellen soll den Hauptzweck der folgenden Überlegungen bilden. Wie klar sich CANTOR schon in einer verhältnismäßig frühen Periode seines Schaffens über das Ziel seines Unternehmens war und wie deutlich er dessen sieghaftes Durchdringen gegenüber allen Einwänden voraussah, das erhellt aus folgenden Sätzen, die seinem im Jahre 1883 im 21. Band der „Mathematischen Annalen" erschienenen Aufsatz „Über unendliche, lineare Punktmannichfaltigkeiten, 5." (S. 545) entnommen sind: „Es handelt sich um eine Erweiterung resp. Fortsetzung der realen ganzen Zahlenreihe über das Unendliche hinaus; so gewagt dies auch scheinen möchte, kann ich dennoch nicht nur die Hoffnung, sondern die feste Überzeugung aussprechen, daß diese Erweiterung mit der Zeit als eine durchaus einfache, angemessene, natürliche wird angesehen werden müssen. Dabei verhehle ich mir keineswegs, daß ich mit diesem Unternehmen in einen gewissen Gegensatz zu weitverbreiteten Anschauungen über das mathematische Unendliche und zu häufig vertretenen Ansichten über das Wesen der Zahlgröße mich stelle."

Über die Art und Berechtigung dieser merkwürdigen Erweiterung der Zahlenreihe und über die Frage, ob die — in der Wissenschaft sonst ihresgleichen nicht findende — Ungebundenheit des frei und kühn schaffenden Mathematikers auch in diesem Fall durch die Forderung logischer Widerspruchslosigkeit und Folgerichtigkeit in den notwendigen Grenzen gehalten worden ist, darüber möge sich der Leser auf Grund der vorliegenden Schrift, die keinerlei besondere Vorkenntnisse voraussetzt, selbst sein Urteil bilden; er wird die letzte Frage hoffentlich (mit unwesentlichen Einschränkungen) bejahen können.

§ 2. Begriff der Menge. Beispiele von Mengen.

CANTOR[1]) hat den Begriff der Menge folgendermaßen definiert: *Eine Menge ist eine Zusammenfassung bestimmter wohlunterschiedener Objekte unserer Anschauung oder unseres Denkens — welche die Elemente der Menge genannt werden — zu einem Ganzen.*

Bevor wir diese Definition im einzelnen zergliedern, wollen wir einige *Beispiele von Mengen*[2]) betrachten, die uns anschauliches Material zum Verständnis der Definition liefern sollen.

1) Wir denken uns eine bestimmte Anzahl konkreter Gegenstände, z. B. aus einem vor uns stehenden Obstteller etwa 5 Äpfel, 2 Birnen und 1 Pfirsich; der Inbegriff dieser 8 Dinge stellt eine Menge dar. Die Elemente der so gebildeten Menge sind die einzelnen Früchte; durch den bei aller Handgreiflichkeit dieser Elemente doch *gedanklichen* Akt ihrer Zusammenfassung zu einem Ganzen haben wir die *Menge* der 8 Früchte gebildet. Die Menge enthält 8 untereinander verschiedene Elemente; denken wir uns diese in eine Reihe angeordnet (z. B.: ein erster Apfel, ein zweiter Apfel usw., die eine Birne, die andere Birne, endlich zuletzt der Pfirsich) und sehen wir gleichzeitig von der besonderen Natur der einzelnen Elemente ab, so stellt uns die Menge nur mehr ein *Ordnungsschema* dar mit dem Inhalt: erstens, zweitens, ..., achtens. Endlich können wir außer von der Natur der Elemente auch noch von ihrer Anordnung absehen; dann vermittelt unsere Menge uns als einzigen Inhalt nur mehr die *Anzahl* der in ihr zusammengefaßten Früchte, nämlich die Anzahl 8.

2) Anstatt konkrete Gegenstände zu einer Menge zusammenzufassen, können wir das Nämliche mit abstrakten Begriffen unternehmen, also z. B. Mengen bilden, die aus gewissen Eigen-

---

[1]) Vgl. die auf die Literatur bezüglichen Bemerkungen am Schluß dieser Schrift.

[2]) Diese Beispiele stellen nicht einen Teil des logischen Gebäudes dar, das wir uns schrittweise aufrichten wollen, sondern dienen nur der Verdeutlichung des Mengenbegriffs; daher wird in diesen Beispielen mehr Wert auf Anschaulichkeit als auf logische Strenge gelegt.

schaften, gewissen Naturgesetzen, gewissen Dreiecken usw. gebildet sind. Wir können auch etwa gewisse *Zahlen* zu einer Menge zusammenfassen, z. B. die Menge bilden, deren Elemente die Zahlen 1, 2, 3, ..., 8 sind; vergleichen wir diese Menge mit der unter 1) gebildeten Menge von Früchten, so leuchtet ein, daß beide Mengen sich in nichts voneinander unterscheiden, sobald nur von der besonderen Natur ihrer Elemente abgesehen wird.

3) Wir haben bisher nur Mengen betrachtet, die *endlich viele* Elemente enthalten. Bei der rein gedanklichen Tätigkeit der Bildung einer Menge können wir diese Beschränkung fallen lassen und Mengen mit *unendlich vielen* Elementen, sogenannte „unendliche Mengen“, bilden. Dabei soll auf die Bedeutung der Begriffe „endlich“ und „unendlich“, von denen der Leser eine hinreichend deutliche naive Vorstellung besitzt, vorläufig nicht näher eingegangen werden. Z. B. können wir, anstatt in dem letzten Beispiel bei der Zahl 8 haltzumachen, in der Zahlenreihe weitergehen und uns die Menge *aller* Zahlen 1, 2, 3, ... und so weiter fort ohne Ende, die Menge aller „natürlichen Zahlen“[1], gebildet denken. Auch diese Menge stellt uns ein bestimmtes Ordnungsschema dar, sobald wir die besondere Natur ihrer Elemente außer acht lassen, d. h. sobald wir davon absehen, daß die Elemente Zahlen sind; dagegen können wir bei dieser Menge von der *Anzahl* ihrer Elemente im gewöhnlichen Sinne nicht sprechen.

4) Wir denken uns (vgl. Abb. 1) eine Strecke etwa von der Länge 10 cm von links nach rechts gezeichnet und durch Markierung

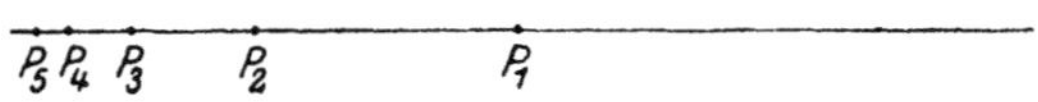

Abb. 1.

ihres Halbierungspunktes (Mittelpunktes) in zwei Hälften geteilt; der Halbierungspunkt werde mit P_1 bezeichnet. Die linke Hälfte halbieren wir abermals und bezeichnen ihren Halbierungspunkt mit P_2; ebenso halbieren wir die links von P_2 liegende Strecke, die $2\frac{1}{2}$ cm lang sein wird (nämlich den vierten Teil so lang wie die ursprüngliche Strecke), und markieren ihren Halbierungspunkt P_3. Dieses Verfahren denken wir uns unbegrenzt fortgesetzt, indem

[1]) Die in der vorliegenden Schrift gesperrt gedruckten Bezeichnungen werden im Lauf der späteren Betrachtungen noch weiter benutzt. Das am Schluß stehende Register gibt zu jeder dieser Bezeichnungen die Stelle an, wo sie erklärt ist.

nach jedem Schritt die linke der entstandenen Hälften abermals halbiert und der Halbierungspunkt markiert wird; beim n^{ten} Schritt, wobei n irgendeine natürliche Zahl bedeuten kann, erhalten wir so den Halbierungspunkt P_n. Wir können nun *sämtliche* so entstehenden Halbierungspunkte P_1, P_2, P_3 usw. zu einer Menge zusammenfassen; es leuchtet ein, daß bei Ordnung der Halbierungspunkte in dieser Reihenfolge (also von rechts nach links, nicht etwa von links nach rechts) sich unsere Menge durch nichts von der unter 3) betrachteten Menge aller natürlichen Zahlen unterscheidet, außer durch die Eigenart der Elemente.

5) Anstatt wie in Beispiel 3) nur die „natürlichen", also die positiven ganzen Zahlen zu einer Menge zusammenzufassen, können wir auch die unendliche Menge bilden, die aus allen (positiven und negativen) *reellen Zahlen* besteht; wie in der elementaren Arithmetik gezeigt wird (vgl. auch S. 30f.), erhält man die Gesamtheit aller verschiedenen reellen Zahlen einfach z. B. dadurch, daß man alle möglichen unendlichen (d. h. nicht bei einer bestimmten Stelle abbrechenden) Dezimalbrüche bildet.

Eine mit dieser Menge nahe verwandte, ihr gegenüber sich durch Anschaulichkeit auszeichnende Menge entsteht auf folgende Weise (vgl. Abb. 2): Wir denken uns eine etwa von links nach rechts verlaufende, nach beiden Seiten hin unbegrenzte gerade

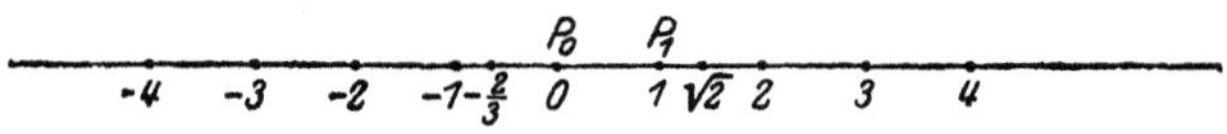

Abb. 2.

Linie gezogen und auf ihr einen ganz beliebigen Punkt als „Nullpunkt" P_0 markiert. In einer beliebigen Entfernung *rechts* von P_0, der Anschaulichkeit halber etwa in der Entfernung 1 cm, markieren wir auf der Geraden einen zweiten Punkt, den „Einspunkt" P_1. Es entspricht nun der naiven Vorstellung (und der damit im Einklang stehenden geometrischen Forderung) in bezug auf die Art und Weise, wie eine gerade Linie mit Punkten erfüllt ist, wenn wir annehmen, zu jeder positiven reellen Zahl a gebe es auf dem rechts von P_0 gelegenen Teil unserer Geraden einen einzigen Punkt, der gerade a-mal so weit von P_0 entfernt liegt wie der Punkt P_1, bei unserer Annahme also a cm; es gibt also z. B. ($a = 3, = \frac{1}{4}, = \sqrt{2}$ gesetzt) je einen Punkt rechts von P_0 auf unserer Geraden, der 3 cm, $\frac{1}{4}$ cm, $\sqrt{2}$ cm $= 1{,}414\ldots$ cm von P_0 entfernt liegt. Der Einfachheit wegen bezeichnen wir einen Punkt, der a-mal so weit rechts von P_0 liegt wie der Einspunkt P_1, kurz selber durch die Zahl a; daher wird der Einspunkt P_1 auch durch die Zahl 1 und, wie man leicht als folgerichtig einsieht, der Nullpunkt P_0 auch durch die Zahl 0 bezeichnet. Endlich bezeichnen wir den Punkt der Geraden, der von P_0 ebensoweit entfernt ist wie der Einspunkt P_1, aber *links* von P_0 liegt, mit -1; ist wieder a eine beliebige positive reelle Zahl, so gibt es einen einzigen Punkt unserer Geraden, der links von P_0 liegt und dabei a-mal soweit von P_0 entfernt ist wie der Einspunkt P_1; dieser Punkt werde mit $-a$ bezeichnet, so daß bei unserer Annahme z. B. der Punkt -7 unserer Geraden links von P_0 in der Entfernung 7 cm gelegen ist. Durch diese Festsetzungen haben wir eine anschauliche Zuordnung aller reellen Zahlen zu sämtlichen Punkten einer Geraden erhalten, eine Zuordnung, bei der jeder reellen Zahl ein einziger Punkt entspricht und umgekehrt, und die stets in völlig bestimmter Weise möglich ist, unabhängig davon, wie groß die Entfernung zwischen den Punkten P_0 und P_1 gewählt wird. Die Gerade mit den in der angegebenen Weise bezeichneten Punkten nennt man die Zahlengerade; wir werden sie im Laufe unserer Betrachtungen ihrer Anschaulichkeit wegen noch öfters heranziehen.

Wir können nun auch die *Menge aller Punkte unserer Geraden* betrachten. Ordnen wir diese Punkte von links nach rechts, die reellen Zahlen aber der zunehmenden Größe nach (und zwar mit Rücksicht auf das Vorzeichen, so daß z. B. -7 kleiner ist als -3, -3 kleiner als $+3$), so zeigt die geordnete Menge aller Punkte unserer Geraden keinerlei Unterschied gegenüber der geordneten Menge aller reellen Zahlen, sobald nur in beiden Fällen von der besonderen Natur der Elemente abgesehen wird.

6) Einem letzten Beispiel einer Menge sei folgende Bemerkung vorausgeschickt, an die wir auch später wieder anknüpfen werden: Unter einer *algebraischen Gleichung* wird eine Beziehung der Form

$$a_n x^n + a_{n-1} x^{n-1} + \cdots + a_2 x^2 + a_1 x + a_0 = 0$$

verstanden, wo $a_n, a_{n-1}, \ldots, a_2, a_1, a_0$ bestimmte gegebene Zahlen sind, während die Zahl x unbekannt ist und derart gesucht wird, daß die Gleichung gerade befriedigt, ihre linke Seite also gleich Null wird. Dabei bedeutet n irgendeine positive ganze

Zahl, die — falls a_n von Null verschieden ist — der *Grad* der Gleichung genannt wird; auch unter $a_n, a_{n-1}, \ldots, a_0$ wollen wir stets nur (positive oder negative) *ganze* Zahlen (die Null eingeschlossen) verstehen. Es kann dann keine, eine oder mehrere, aber niemals mehr als n reelle Zahlen x geben, die die Gleichung befriedigen und „*Wurzeln*" derselben heißen; eine Wurzel wird im allgemeinen natürlich nicht ganzzahlig sein. Z. B. hat die Gleichung $x^2 - 2 = 0$ die beiden Wurzeln $x = +\sqrt{2} = 1{,}414\ldots$ und $x = -\sqrt{2}$ (während die Gleichung $x^2 + 2 = 0$ überhaupt keine reelle Wurzel besitzt). Eine reelle Zahl, welche Wurzel einer algebraischen Gleichung ist, nennt man eine **algebraische Zahl**. Es ist zwar jeder gemeine Bruch $\frac{p}{q}$ eine algebraische Zahl, da $x = \frac{p}{q}$ der Gleichung $qx - p = 0$ genügt; nicht aber läßt sich umgekehrt jede algebraische Zahl als gemeiner Bruch darstellen, für $\sqrt{2}$ z. B. ist eine solche Darstellung unmöglich. Die Gesamtheit aller Brüche bildet somit einen Teil der Gesamtheit aller algebraischen Zahlen.

Es läge nun die Vermutung nahe, daß ebenso wie z. B. die Zahl $\sqrt{2} = 1{,}414\ldots$ sich *alle* reellen Zahlen oder, was dasselbe ist, alle unendlichen Dezimalbrüche als Wurzeln gewisser algebraischer Gleichungen auffassen lassen; dies ist jedoch, wie wir später (S. 39f.) sehen werden, keineswegs der Fall. Eine reelle Zahl a, die *nicht* als Wurzel einer algebraischen Gleichung darstellbar ist, d. h. zu der sich überhaupt keine algebraische Gleichung finden läßt, die durch $x = a$ befriedigt würde, bezeichnet man als eine **transzendente Zahl**. Wir können uns nun auch die *Menge aller transzendenten Zahlen* gebildet denken, deren Elemente jedenfalls nur einen Teil der reellen Zahlen ausmachen. Die tatsächliche Bildung dieser Menge würde zwar beim heutigen Stande der Forschung unmöglich sein. Dies ist begreiflich; denn um eine gegebene Zahl a als transzendent nachzuweisen, muß man ja zeigen, daß keine aller unendlich vielen denkbaren algebraischen Gleichungen die Zahl a zur Wurzel hat, eine allem Anschein nach (und auch in Wirklichkeit) recht schwierige Aufgabe; gelingt dieser Nachweis nicht, ohne daß man doch umgekehrt eine algebraische Gleichung auffinden kann, die durch a befriedigt wird, so ist damit nur gesagt, daß vorläufig die Entscheidung darüber aussteht, ob a algebraisch oder transzendent ist. In der Tat ist bis heute nur von gewissen begrenzten Klassen reeller Zahlen[1]) bekannt, daß sie transzendent sind, obwohl man weiß, daß es außer den als transzendent *nachgewiesenen* noch unendlich viele weitere transzendente Zahlen gibt; wir werden im § 5 dieser Schrift sehen, in welcher Weise solch ein Existenzbeweis ohne die Kenntnis spezieller transzendenter Zahlen geführt werden kann. Die ausdrückliche Bildung unserer Menge ist also ganz unmöglich. Dennoch ist die Menge aller transzendenten Zahlen ein wohl denkbarer, logisch einwandfreier Begriff; jede vorgelegte reelle Zahl kann ja nach Definition nur *entweder* algebraisch *oder* transzendent sein, wenn wir auch nicht immer imstande sind, die Entscheidung darüber zu treffen; und eben alle transzendenten Zahlen und nur sie stellen die Elemente unserer Menge dar.

Nachdem wir so einige Beispiele von Mengen wirklich kennen gelernt haben, ist es leicht, die zu Beginn dieses Paragraphen angegebene Definition der Menge in ihrer Bedeutung und Tragweite zu würdigen. Den Begriff „Objekte unserer Anschauung oder unseres Denkens" näher zu zergliedern, kann philosophischer Betrachtung überlassen bleiben; für unsere Zwecke ist seine Bedeutung hinreichend klar. Übrigens werden wir in der Regel nur mathematische Objekte, wie Zahlen, Punkte usw. (oder auch Mengen von solchen), verwenden. Ebenso leuchtet nach den vorgeführten Beispielen genügend ein, was unter der „Zusammenfassung von Objekten zu einem Ganzen" zu verstehen ist; die Objekte werden als Elemente bezeichnet, das Ganze als die von den Elementen gebildete Menge. Es erübrigt also nur mehr, die Begriffe „bestimmt" und „wohlunterschieden" zu erklären, von denen der letztere eine naheliegende Bedeutung hat: Objekte sind wohlunterschieden, wenn für je zwei unter ihnen stets feststeht, ob sie identisch oder verschieden sind. Wir werden übrigens von den in unseren Betrachtungen auftretenden Mengen immer voraussetzen, daß sie lauter untereinander verschiedene Elemente enthalten. Endlich soll „bestimmt" folgendes besagen: von jedem beliebigen Objekt muß feststehen, ob es Element der in

[1]) Die bekanntesten dieser transzendenten Zahlen sind die bei der Berechnung des Kreisumfangs und -inhalts vorkommende Zahl $\pi = 3{,}14159\ldots$ und die Basis e der natürlichen Logarithmen.

Frage stehenden Menge ist oder nicht. Dieses Feststehen bedeutet aber nicht ein wirkliches *Feststellen* in jedem einzelnen Fall, sondern es muß nur „*intern* bestimmt sein“, d. h. *begrifflich* feststehen, ob ein gegebenes Objekt zu unserer Menge gehört oder nicht. Dies läßt sich z. B. in dem oben vorgeführten Beispiel 6) für eine gegebene reelle Zahl im allgemeinen mit den heutigen Mitteln der Wissenschaft nicht rechnerisch feststellen; aber jedenfalls ist für eine bestimmte Zahl stets „intern“ entschieden, ob sie transzendent ist oder nicht, und daher stellt die Gesamtheit aller transzendenten Zahlen wirklich eine Menge dar.

Eine Menge ist nach unserer Definition vollkommen bestimmt durch die Gesamtheit ihrer Elemente. Man bedient sich zur Bezeichnung der Tatsache, daß eine Menge M die Elemente a, b, c usw. enthält, der folgenden Schreibweise

$$M = \{a, b, c, \ldots\};$$

dabei können entweder die in M enthaltenen Elemente innerhalb der geschweiften Klammern in ihrer Gesamtheit hingeschrieben oder es kann durch Punkte angedeutet werden, daß die weiteren Elemente der Menge als bekannt anzusehen sind. Als gleich gelten demgemäß zwei Mengen dann und nur dann, wenn sie die nämlichen Elemente enthalten.

Auf die Mängel der angegebenen CANTORschen Definition der Menge und auf die Frage, in welcher Richtung eine andere Erklärung des Mengenbegriffs gesucht werden könnte, werden wir erst gegen Ende unserer Überlegungen (in § 12) zurückkommen; bis dahin bleiben wir bei der CANTORschen Definition, die uns völlig hinreichende Dienste leisten wird.

§ 3. Die Begriffe der Äquivalenz, der Teilmenge, der unendlichen Menge.

Derjenige Begriff, auf dem sich die Einführung „unendlicher Größen“ und das Rechnen mit ihnen in erster Linie aufbaut, ist der Begriff der Äquivalenz.

In den Beispielen 1) und 2) des vorigen Paragraphen wurde einmal eine Menge von 8 Früchten, dann eine Menge von 8 Zahlen betrachtet und darauf hingewiesen, daß beide Mengen sich außer durch die Natur ihrer Elemente durch nichts unterscheiden; ihre Elemente können also derart aufeinander bezogen werden, daß jeder bestimmten Frucht je eine einzige Zahl und umgekehrt jeder der acht Zahlen je eine Frucht entspricht. Das Gleiche gilt z. B. von den beiden im Beispiel 5) betrachteten Mengen, der Menge aller reellen Zahlen und derjenigen aller Punkte einer geraden Linie; wie sich aus der dortigen Betrachtung ergibt, können die Elemente beider Mengen einander in solcher Weise zugeordnet werden, daß zu jeder reellen Zahl ein einziger Punkt gehört und umgekehrt. Zwei derartige Mengen nennt man äquivalent, also:

Definition 1. Eine Menge M heißt einer zweiten Menge N äquivalent, wenn die Elemente von N den Elementen von M *umkehrbar eindeutig* zugeordnet werden können, also in solcher Weise, daß vermöge der Zuordnung jedem Element von M ein einziges Element von N, aber gleichzeitig auch umgekehrt jedem Element von N nur ein einziges von M entspricht.

Damit eine Menge einer anderen äquivalent sei, muß die fragliche Zuordnung also *umkehrbar* eindeutig sein, nicht nur eindeutig schlechthin. Ist z. B. M eine Menge von 5 Äpfeln, N die Menge der drei Zahlen 1, 2, 3, so könnte man dem 1. Apfel die Zahl 1, dem 2. Apfel die Zahl 2, jedem der drei folgenden Äpfel aber die Zahl 3 zuordnen; diese Zuordnung ist nicht umkehrbar eindeutig, denn bei ihr entsprechen der Zahl 3 nicht nur ein einziger, sondern drei Äpfel, und beide Mengen brauchen daher nicht äquivalent zu sein (sind es auch wirklich nicht). Um aber zu zeigen, daß eine gegebene Menge einer anderen *nicht* äquivalent ist, genügt es natürlich nicht, eine nicht eindeutige oder nicht umkehrbar eindeutige Zuordnung zwischen ihren Elementen herzustellen; dazu ist vielmehr der Nachweis erforderlich, daß überhaupt *keine* umkehrbar eindeutige Zuordnung zwischen den Elementen beider Mengen möglich ist.

Eine umkehrbar eindeutige Zuordnung zwischen den Elementen zweier Mengen wollen wir auch kurz eine Abbildung der beiden Mengen aufeinander nennen und eine solche Abbildung (d. h. die Vorschrift, nach der sie hergestellt wird,) mit einem großen griechischen Buchstaben (Φ, Ψ usw.) bezeichnen.

Demnach sind von den Beispielen des vorigen Paragraphen einander äquivalent die Mengen unter 1) und 2), dann die beiden unter 5) betrachteten Mengen, endlich auch die Mengen unter 3) und 4). Weitere Beispiele äquivalenter Mengen werden uns noch in diesem und in den folgenden Paragraphen beschäftigen.

Schon an dieser Stelle seien drei Eigenschaften der Äquivalenz hervorgehoben, die fast selbstverständlich scheinen, aber dennoch eines Beweises bedürftig und fähig sind[1]). Vor allem *ist jede beliebige Menge sich selbst äquivalent*; um dies zu erkennen, braucht man nur die Menge auf sich selbst in der Weise abzubilden, daß jedes einzelne Element sich selber zugeordnet wird. Ebenso leicht ist einzusehen, daß *die Eigenschaft der Äquivalenz zwischen zwei Mengen eine gegenseitige ist*, daß also, falls die Menge M der Menge N äquivalent ist, auch umgekehrt die letztere der ersteren äquivalent ist. Da nämlich die in Frage stehende Zuordnung nicht nur eindeutig schlechthin, sondern umkehrbar eindeutig ist, so wird auch jedem Element von N ein Element von M umkehrbar eindeutig zugeordnet, was ja gemäß der Definition gerade besagt, daß die Menge N der Menge M äquivalent ist. Um diese Überlegung anschaulicher zu machen, verstehen wir unter M die in Nummer 1) des vorigen Paragraphen betrachtete Menge von Früchten, unter N die in Nummer 2) vorgeführte Menge von Zahlen. Daß die Menge M der Menge N äquivalent ist, läßt sich dann anschaulich machen durch das folgende, von unten nach oben zu lesende Schema

M:	Apfel	Apfel	Apfel	Apfel	Apfel	Birne	Birne	Pfirsich
	↕	↕	↕	↕	↕	↕	↕	↕
N:	1	2	3	4	5	6	7	8,

in dem die doppelte Zuspitzung der Pfeile andeutet, daß die Zuordnung umkehrbar eindeutig ist; liest man dieses selbe Schema von oben nach unten, so besagt es im Sinne unserer Definition, daß auch umgekehrt die Menge N der Menge M äquivalent ist. Durch diese der Äquivalenz zukommende Eigenschaft der Gegenseitigkeit gewinnen wir erst das — teilweise schon benutzte — Recht, schlechthin von der Äquivalenz „zweier Mengen" oder „zwischen zwei Mengen" oder von einer Abbildung „zwischen zwei äquivalenten Mengen" zu sprechen oder zu sagen, zwei Mengen seien „einander äquivalent", — kurz: Ausdrucksweisen für die Äquivalenz und die Abbildung zu gebrauchen, bei denen beide Mengen gleichberechtigt erscheinen.

Um die dritte und letzte hier hervorzuhebende Eigenschaft der Äquivalenz kennen zu lernen, gehen wir aus von drei Mengen M, N und P, von denen einmal M und N, ferner aber auch N und P äquivalent sein sollen; unser Ziel ist der Nachweis, daß auch M und P äquivalent sind. Es bezeichne Φ eine (wegen der vorausgesetzten Äquivalenz sicherlich existierende) Abbildungsvorschrift zwischen den Mengen M und N, Ψ eine ebensolche zwischen N und P. Ist m irgendein Element von M, so ordnet

[1]) Die nächsten Betrachtungen können von dem weniger geübten Leser, namentlich bei der erstmaligen Lektüre, überschlagen werden. Allgemein soll in dieser Schrift — vor allem in den ersten Abschnitten, während deren Durcharbeitung sich der Leser von selbst eine gewisse Übung aneignen wird — durch kleineren Druck gewisser Stellen stets angedeutet werden, daß die betreffenden Betrachtungen etwas abstrakter Natur sind und vom Leser zunächst beiseite gelassen werden können, ohne daß dadurch das Verständnis der späteren Überlegungen beeinträchtigt wird.

ihm die Abbildung Φ ein bestimmtes Element n von N, diesem wiederum die Abbildung Ψ ein bestimmtes Element p von P zu; da die Abbildungen Φ und Ψ umkehrbar eindeutig sind, entspricht dem Element p von P vermöge Ψ auch nur das einzige Element n von N und diesem vermöge Φ das einzige Element m von M. Wir setzen nun fest, daß dem Element m von M das Element p von P und umgekehrt diesem jenes zugeordnet werden soll; wird diese Festsetzung für alle Elemente m von M und damit für alle Elemente p von P getroffen, so erhalten wir eine umkehrbar eindeutige Zuordnung zwischen allen Elementen von M und allen Elementen von P. Die Möglichkeit der Herstellung einer derartigen Zuordnung beweist nun in der Tat, daß die Mengen M und P äquivalent sind; *sind also zwei Mengen einer und derselben dritten Menge äquivalent, so sind sie auch untereinander äquivalent.*

Um diesen Beweisgang zu veranschaulichen, fügen wir zu den zwei im vorletzten Absatz betrachteten Mengen M und N noch eine dritte Menge P hinzu, die etwa die acht Zahlen $\frac{1}{2}$, $\frac{1}{3}$, $\frac{1}{4}$, $\frac{1}{5}$, $\frac{1}{6}$, $\frac{1}{7}$, $\frac{1}{8}$, $\frac{1}{9}$ enthalten möge; diese Menge P ist offenbar äquivalent der aus acht Zahlen bestehenden Menge N. Je eine Abbildung zwischen den Mengen M und N einerseits und zwischen den Mengen N und P andererseits veranschaulicht uns das folgende Schema:

M:	Apfel	Apfel	Apfel	Apfel	Apfel	Birne	Birne	Pfirsich
	$\updownarrow$	$\updownarrow$	$\updownarrow$	$\updownarrow$	$\updownarrow$	$\updownarrow$	$\updownarrow$	$\updownarrow$
N:	1	2	3	4	5	6	7	8
	$\updownarrow$	$\updownarrow$	$\updownarrow$	$\updownarrow$	$\updownarrow$	$\updownarrow$	$\updownarrow$	$\updownarrow$
P:	$\frac{1}{2}$	$\frac{1}{3}$	$\frac{1}{4}$	$\frac{1}{5}$	$\frac{1}{6}$	$\frac{1}{7}$	$\frac{1}{8}$	$\frac{1}{9}$.

Eine Abbildung zwischen den Mengen M und P und damit den Nachweis der Äquivalenz dieser beiden Mengen gewinnt man hieraus entsprechend dem eben durchgeführten Beweisverfahren einfach dadurch, daß man die Elemente der Menge N wegstreicht und dann je zwei untereinander stehende Elemente der Mengen M und P einander zuordnet.

Die Tatsache, daß zwei Mengen M und N äquivalent sind, bezeichnet man durch die Schreibweise: $M \sim N$ (gelesen: M äquivalent N). Unsere letzten Betrachtungen zeigen, daß *jeder* Menge M die Eigenschaft $M \sim M$ zukommt, daß ferner zugleich mit $M \sim N$ stets auch $N \sim M$ gilt und daß endlich aus den beiden Beziehungen $M \sim N$, $N \sim P$ die Beziehung $M \sim P$ folgt.

Es sei eine Menge M gegeben. Wir denken uns einen Teil ihrer Elemente willkürlich herausgegriffen und fassen die durch sie gebildete Menge M' ins Auge; eine solche Menge M' heißt eine Untermenge oder Teilmenge der Menge M. Also:

Definition 2. Eine Menge M' heißt eine **Teilmenge** der Menge M, wenn jedes Element von M' gleichzeitig auch Element von M ist.

Darunter ist auch der Grenzfall enthalten, daß *alle* Elemente von M auch in M' vorkommen, d. h. daß die Mengen M und M' identisch sind; in diesem Fall ist gleichzeitig M' Teilmenge von M und M Teilmenge von M'; man nennt dann M' eine unechte Teilmenge von M. Enthält dagegen M auch Elemente, die sich in M' nicht finden, so spricht man der Deutlichkeit wegen nötigenfalls von einer echten Teilmenge M'.

Z. B. hat die Menge $\{1, 2, 3\}$ die Teilmengen $\{1\}$, $\{2\}$, $\{3\}$, $\{1, 2\}$, $\{2, 3\}$, $\{1, 3\}$ und $\{1, 2, 3\}$; alle bis auf die letzte, die eine unechte Teilmenge ist, sind echte Teilmengen der Menge $\{1, 2, 3\}$. Diese Menge und all ihre Teilmengen sind andererseits z. B. echte Teilmengen der Menge $\{1, 2, 3, 4, \ldots\}$ *aller* natürlichen Zahlen; ebenso ist z. B. die Menge aller geraden Zahlen $\{2, 4, 6, 8, \ldots\}$ eine Teilmenge der Menge aller natürlichen Zahlen und zwar eine echte Teilmenge, weil die (in der Menge aller natürlichen Zahlen vorkommenden) ungeraden Zahlen $1, 3, 5, \ldots$ in ihr nicht enthalten sind.

Nach der Definition der Teilmenge leuchtet ein, daß, wenn M eine Teilmenge der Menge N und N eine Teilmenge der Menge P ist, auch M eine Teilmenge von P ist.

Aus rein formalen Gründen, namentlich um gewisse Tatsachen einfacher und bequemer aussprechen zu können, führen wir an dieser Stelle nach dem Vorgang CANTORS noch eine etwas sonderbare Menge ein, die sogenannte Nullmenge. Diese ist dadurch definiert, daß sie überhaupt kein Element enthält; sie ist also eigentlich gar keine Menge, soll aber im uneigentlichen Sinne als solche gelten. Ihren Wert gewinnt die Einführung der Nullmenge durch die folgende, sich als nützlich erweisende Festsetzung: *Die Nullmenge soll als Teilmenge jeder beliebigen Menge — auch von sich selbst — gelten.*

Wenn wir auch gelegentlich aus formalen Gründen diese Festsetzung benutzen wollen, so werden wir doch im übrigen der Nullmenge wenig Beachtung schenken; im allgemeinen denken wir bei dem Begriff „Menge" immer an solche Mengen, die wirklich Elemente enthalten.

Ist M eine *endliche* Menge, worunter wir den naiven Begriff einer Menge von endlich vielen Elementen verstehen wollen (also z. B. die Menge der hundert natürlichen Zahlen von 1 bis

100), und bedeutet M' eine echte Teilmenge von M (also in unserem Beispiel eine Menge, die einige, aber nicht alle unter diesen hundert Zahlen enthält), so sind M und M' sicher nicht äquivalent. Denn beginnt man der Reihe nach irgendwie jedem Element von M in umkehrbar eindeutiger Weise je ein Element von M' zuzuordnen, so wird schließlich — und zwar nach endlich vielen Schritten — die Menge M' erschöpft sein, während in M noch Elemente übrig sind, denen kein Element von M' zugeordnet ist. Der hierdurch gedanklich völlig bestimmte Beweis dieser fast trivial erscheinenden (übrigens späterhin nicht mehr benutzten) Tatsache soll hier nicht genauer ausgeführt werden.

Ganz anders liegen die Verhältnisse bei unendlichen Mengen, also bei Mengen, die unendlich viele Elemente enthalten, wie wir solche Mengen in den Beispielen 3) bis 6) des vorigen Paragraphen kennen gelernt haben. Hier überzeugt man sich leicht, wenn auch zunächst mit einiger Überraschung, von der merkwürdigen Tatsache, daß zwei unendliche Mengen, von denen die eine eine echte Teilmenge der anderen ist, dennoch sehr wohl einander äquivalent sein können. Betrachten wir z. B. neben der Menge M aller natürlichen Zahlen $1, 2, 3, \ldots$ die Menge M', die aus M durch Streichung der Zahl 1 hervorgeht, also die Menge $M' = \{2, 3, 4, \ldots\}$! M' ist offenbar eine echte Teilmenge von M. Um anschaulich zu zeigen, daß diese zwei Mengen M und M' äquivalent sind, denken wir uns ihre Elemente der Reihe nach in folgender Weise durch Pfeile aufeinander bezogen:

$$\begin{array}{lccccccccc} M: & 1 & 2 & 3 & 4 & 5 & 6 & 7 & 8 & \ldots m \ldots \\ & \updownarrow & \updownarrow & \updownarrow & \updownarrow & \updownarrow & \updownarrow & \updownarrow & \updownarrow & \updownarrow \\ M': & 2 & 3 & 4 & 5 & 6 & 7 & 8 & 9 & \ldots m+1 \ldots \end{array}$$

Es wird also jeder Zahl m der Menge M die in der Zahlenreihe nächstfolgende $m + 1$ aus M' oder — anders ausgedrückt — jeder Zahl m' der Menge M' die ihr in der Zahlenreihe vorangehende $m' - 1$ aus M zugeordnet. Diese Zuordnung ist ersichtlich umkehrbar eindeutig. Die Mengen sind also wirklich äquivalent, obgleich M' nur einen echten Teil der Elemente von M, nämlich das Element 1 weniger, enthält.

Der Leser mache sich zum besseren Verständnis alles Weiteren dieses erste und denkbar einfachste Beispiel der Äquivalenz von zwei anscheinend „verschieden großen“ Mengen recht deutlich;

er wird bemerken, wie das Gelingen einer umkehrbar eindeutigen Zuordnung wesentlich darauf beruht, daß die Mengen unendlich viele Elemente enthalten. Wären M und M' endlich und enthielten sie — abgesehen von der nur in M vorkommenden Zahl 1 — die nämlichen Elemente, so würde eine umkehrbar eindeutige Zuordnung nicht herstellbar sein; denn am Schluß bliebe dann in der Menge M ein letztes Element übrig, dem kein Element aus M' gegenüberstände. Zahlreiche weitere Beispiele der Äquivalenz von Mengen, von denen die eine eine echte Teilmenge der anderen ist, werden uns in diesem wie in den nächsten Paragraphen noch entgegentreten.

Diesen grundlegenden Unterschied zwischen unendlichen und endlichen Mengen, nämlich das Bestehen oder Nichtbestehen einer Äquivalenz zwischen einer Menge M und einer echten Teilmenge von M, hat man nun — vom naiven Begriff der endlichen und der unendlichen Mengen absehend — geradezu zur *Definition* der Begriffe „unendliche Menge" und „endliche Menge" benutzt. Im Anschluß an den jüngst verstorbenen hervorragenden Braunschweiger Mathematiker R. DEDEKIND (1831—1916) bedient man sich nämlich der folgenden

Definition 3. Eine Menge M heißt unendlich oder transfinit (überendlich), wenn es eine echte Teilmenge von M gibt, die zu M äquivalent ist; gibt es dagegen keine zu M äquivalente echte Teilmenge von M, so wird M als eine endliche Menge bezeichnet.

Wir wollen uns in unseren ferneren Überlegungen der Einfachheit halber mit der naiven Auffassung der Begriffe einer „endlichen" bzw. „unendlichen" Menge begnügen, wie wir sie bisher schon mehrfach benutzt haben. Es bietet aber keine grundsätzlichen Schwierigkeiten, sich allein auf die soeben ausgesprochene scharfe, freilich auch etwas abstrakte Definition zu stützen und mit ihr allein sich die Begriffe „endlich viele" und „unendlich viele" erklärt zu denken. Um dem Leser eine Anschauung davon zu geben, daß wirklich die Definition 3 den nämlichen Begriffsumfang für „endlich" und „unendlich" liefert wie der gewöhnliche Sprach- und Denkgebrauch, mögen hier noch einige diesbezügliche Bemerkungen angeschlossen werden; auf Strenge im Beweisgang soll bei dieser eingeschalteten Betrachtung kein Wert gelegt werden, es kommt nur auf eine Andeutung des Gedankengangs an.

Vor allem ist zu zeigen, daß im Sinne unserer Definition *eine unendliche Menge niemals einer endlichen äquivalent sein kann*; wäre dem nicht so, so könnten wir die Definition nicht als brauchbar betrachten. Zum Nachweis jener Tatsache gehen wir aus von einer im Sinne der Definition 3 unendlichen Menge M, d. h. einer solchen, die eine zu M äquivalente echte Teilmenge M' besitzt. Es sei N irgendeine zu M äquivalente Menge; wir haben zu zeigen, daß auch N im Sinne unserer Definition unendlich ist. Zu diesem Zwecke werde eine bestimmte Abbildung zwischen den äquivalenten Mengen M und N mit Φ bezeichnet; durch diese Abbildung werden dann den Elementen der Teilmenge M' von M *von selbst* die Elemente einer gewissen Teilmenge von N in umkehrbar eindeutiger Weise zugeordnet, und diese zu M' äquivalente Teilmenge von N möge N' heißen. Da M' nicht alle Elemente von M enthält, wird auch N' nicht alle Elemente von N enthalten, d. h. N' ist eine echte Teilmenge von N. Endlich ist $N' \sim N$, wie aus den Beziehungen $N' \sim M'$, $M' \sim M$ und $M \sim N$ gemäß S. 12 hervorgeht. N enthält also die zu N äquivalente echte Teilmenge N', d. h. N ist wirklich, wie wir zeigen wollten, im Sinne unserer Definition eine unendliche Menge.

Um den Nachweis zu führen, daß unsere Definition der endlichen und der unendlichen Menge im Einklang ist mit der naiven Vorstellung, die wir von Mengen mit „endlich vielen" oder mit „unendlich vielen" Elementen haben, können wir folgenden Gedankengang einschlagen. Prüfen wir die naive, anscheinend keiner Erklärung bedürftige Vorstellung genauer, so können wir sie so ausdrücken: Wir pflegen von einer Menge M zu sagen, sie enthalte nur endlich viele Elemente, falls es eine natürliche Zahl n von der Art gibt, daß M gerade n Elemente enthält, d. h. daß M äquivalent ist der Menge $\{1, 2, 3, \ldots, n\}$; gibt es keine derartige natürliche Zahl n, so drücken wir das aus durch die Behauptung, M enthalte unendlich viele Elemente. Es läßt sich nun auf dem auf S. 14 o. angedeuteten Wege einsehen, daß eine Menge N von der Form $N = \{1, 2, 3, \ldots, n\}$, wo n irgendeine natürliche Zahl bedeutet, niemals einer echten Teilmenge von sich selbst äquivalent ist. Andererseits aber läßt sich zeigen, daß eine Menge M, die zu keiner Menge der Form $\{1, 2, 3, \ldots, n\}$ äquivalent ist, stets eine zu sich selbst äquivalente echte Teilmenge besitzt. Man kann nämlich zunächst aus M ein beliebiges erstes Element m_1 herausgreifen, dann ein zweites m_2, ein drittes m_3 usw. und kann dieses Verfahren *ohne Ende* fortsetzen, weil anderenfalls aus der Erschöpfung von M eine Äquivalenz zwischen dieser Menge und einer Menge der Form $\{1, 2, \ldots, n\}$ folgen würde. Faßt man die Gesamtheit aller so herauszugreifenden Elemente zu der Menge $M_1 = \{m_1, m_2, m_3, \ldots\}$, dagegen alle etwa nicht in M_1 vorkommenden Elemente von M zu einer Menge M_2 zusammen, so sind M_1 und M_2 Teilmengen von M, deren Elemente zusammengenommen die Gesamtheit der Elemente von M darstellen. Nun ist die Menge M_1 einer echten Teilmenge von sich selbst, z. B. der Teilmenge $N_1 = \{m_2, m_3, m_4, \ldots\}$ ganz ebenso äquivalent, wie sich auf S. 14 die Mengen $\{1, 2, 3, \ldots\}$ und $\{2, 3, 4, \ldots\}$ als äquivalent erwiesen haben; ferner erkennt man durch Abbildung der Menge M_1 auf N_1 und der Menge M_2 auf sich selbst, daß die Gesamtheit der Elemente von N_1 und M_2 zusammengenommen eine zu M äquivalente Menge N darstellt, die eine echte Teilmenge von M ist (nämlich das Element m_1 von M nicht enthält). M ist also im Sinne unserer Definition eine unendliche Menge.

Demnach ist jede im gewöhnlichen Sinne endliche Menge auch endlich im Sinne der Definition 3, jede im gewöhnlichen Sinne unendliche Menge auch unendlich im Sinne dieser Definition, und da sich diese Aussage umkehren läßt, so ist die Übereinstimmung beider Begriffspaare nachgewiesen[1]).

§ 4. Abzählbare Mengen.

Wir wollen uns jetzt zunächst mit den in gewissem Sinne einfachsten unendlichen Mengen, den sogen. abzählbaren Mengen, beschäftigen und eine Reihe von Beispielen solcher abzählbarer Mengen betrachten, die uns schon eine Fülle überraschender Tatsachen liefern werden.

Wir gehen aus von einer denkbar einfachen Menge, der schon im Beispiel 3) des § 2 betrachteten Menge aller natürlichen Zahlen $1, 2, 3, \ldots$; wir bezeichnen diese Menge für den Augenblick mit M. N sei irgendeine ihr äquivalente Menge und Φ eine Abbildung zwischen M und N. Dann können wir das durch diese Abbildung dem Element 1 von M zugeordnete Element von N mit n_1 bezeichnen, das dem Element 2 entsprechende Element von N ebenso mit n_2, das zu 3 zugeordnete mit n_3 usw. Hiernach läßt sich die Menge N schreiben in der Form: $N = \{n_1, n_2, n_3, \ldots\}$; mit anderen Worten: wir haben die Elemente von N *abgezählt*, so daß sich ein erstes, zweites, drittes, ... Element von N angeben läßt. Umgekehrt wird jedes beliebige Element n von N an einer bestimmten, etwa der g^{ten} Stelle, wobei g eine natürliche Zahl bedeutet, in der abgezählten Menge N vorkommen; denn durch die Abbildung Φ wird n irgendeiner bestimmten natürlichen Zahl g von M zugeordnet, und dies besagt ja eben, daß n die g^{te} Zahl unserer Abzählung ist. Demnach läßt sich jede Menge, die der Menge aller natürlichen Zahlen äquivalent ist, in Form einer abgezählten Menge $\{a_1, a_2, a_3, \ldots\}$ darstellen; jede zur Menge der natürlichen Zahlen äquivalente Menge wird deshalb eine abzählbare Menge genannt. Eine abzählbare Menge ist also stets unendlich.

Wie sich im nächsten Paragraphen zeigen wird, ist keineswegs *jede* unendliche Menge abzählbar. Dagegen *enthält jede unendliche*

[1]) Auch die Nullmenge, die überhaupt keine echte Teilmenge besitzt, gilt nach Definition 3 als endliche Menge.

Menge M eine abzählbare Teilmenge. Diese Tatsache können wir, ausgehend von dem naiven Begriff der unendlichen Menge[1]), einfach mittels der folgenden (schon auf S. 16 angedeuteten) Schlußweise einsehen: Wir greifen aus M zunächst ein beliebiges Element m_1 heraus, aus der dann noch übrigen Menge ein beliebiges weiteres Element m_2, ferner aus der um diese zwei Elemente verkleinerten Menge irgendein drittes Element m_3 usw.; dieses Verfahren denken wir uns *endlos* fortgesetzt, was deshalb möglich ist, weil M voraussetzungsgemäß nicht endlich ist, weil wir also auf diese Weise niemals zu dem letzten noch übrigen Element von M gelangen können. Vereinigen wir dann sämtliche durch jenes unbegrenzte Verfahren herausgegriffenen Elemente zu einer Menge $M_0 = \{m_1, m_2, m_3, \ldots\}$, so ist die abzählbare Menge M_0 eine (echte oder unechte) Teilmenge von M, weil ja jedes Element von M_0 auch in M vorkommt; es enthält also in der Tat jede unendliche Menge eine abzählbare Teilmenge.

Wir gehen nunmehr zur Betrachtung einiger *Beispiele* von abzählbaren Mengen über. Wie wir oben (S. 14) sahen, ist ebenso wie die Menge $\{1, 2, 3, 4, \ldots\}$ auch die Menge $\{2, 3, 4, 5, \ldots\}$ abzählbar. Das Gleiche gilt offenbar für jede Menge N, die aus der Menge der natürlichen Zahlen durch Weglassung endlich vieler natürlicher Zahlen entsteht; denn ordnen wir die (immer noch unendlich vielen) übriggebliebenen Zahlen wieder nach ihrer Größe, so haben wir damit schon eine erste, eine zweite, eine dritte Zahl usw. der Menge N definiert und so jeder Zahl von N eine bestimmte Platznummer zugeordnet, d. h. wir haben durch jene Ordnung die Menge N bereits abgezählt. Wir können aber das gleiche Verfahren auch einschlagen, falls N aus der Menge der natürlichen Zahlen durch Weglassung *unendlich vieler* Zahlen entstanden ist, falls nur N selbst noch unendlich viele Zahlen enthält; ist z. B. N die Menge aller positiven *geraden* Zahlen, so läßt sich N auf die Menge der natürlichen Zahlen in folgender Weise umkehrbar eindeutig abbilden:

$$\begin{matrix} 2 & 4 & 6 & 8 & 10 & 12 & \ldots \\ \updownarrow & \updownarrow & \updownarrow & \updownarrow & \updownarrow & \updownarrow & \\ 1 & 2 & 3 & 4 & 5 & 6 & \ldots, \end{matrix}$$

[1]) Man kann den Beweis ebensogut auch durchführen, indem man von der auf S. 15 gegebenen Definition der unendlichen Menge ausgeht.

d. h. 2 wird die erste, 4 die zweite Zahl von N usw. Es ist also zunächst *jede unendliche Teilmenge der Menge aller natürlichen Zahlen abzählbar.*

Gewissermaßen durch Umkehrung dieses Verfahrens ist ferner leicht zu zeigen, daß auch z. B. *die Menge aller positiven und negativen ganzen Zahlen,* also eine umfassendere Menge als die der natürlichen Zahlen, *abzählbar ist.* Ordnen wir die Elemente dieser Menge unter Berücksichtigung des Vorzeichens der Größe nach, so daß die negativen Zahlen vor den positiven zu stehen kommen, so ist die Menge zunächst nicht abgezählt; denn es läßt sich z. B. die Zahl 1 nicht als die soundsovielte unserer Menge bezeichnen, da ihr ja unendlich viele Zahlen (nämlich alle negativen) vorausgehen. Dennoch kann man unsere Menge mittels eines einfachen Kunstgriffes abzählen: wir wollen nämlich als erstes Element die Zahl 1, als zweites die Zahl -1, als drittes 2, als viertes -2, als fünftes 3, als sechstes -3 usw. nehmen; die Abzählung, d. h. die Zuordnung zur Menge der natürlichen Zahlen, wird dann folgende:

$$\begin{array}{ccccccccc} 1 & -1 & 2 & -2 & 3 & -3 & 4 & -4 & \ldots \\ \updownarrow & \updownarrow & \updownarrow & \updownarrow & \updownarrow & \updownarrow & \updownarrow & \updownarrow & \\ 1 & 2 & 3 & 4 & 5 & 6 & 7 & 8 & \ldots . \end{array}$$

In der so abgezählten Menge kommt auch wirklich *jedes* Element der Menge, d. h. jede positive oder negative ganze Zahl, an bestimmter Stelle vor; ist nämlich m irgendeine positive ganze Zahl, so ist m offenbar die $(2\,m-1)^{\text{te}}$, $-m$ dagegen die $(2\,m)^{\text{te}}$ Zahl unserer Abzählung.

Dieses Beispiel zeigt deutlich den Unterschied zwischen einer *abgezählten* und einer nur *abzählbaren* Menge. In letzerer muß zunächst keineswegs ein erstes, zweites Element usw. gegeben sein; es kommt nur darauf an, daß durch entsprechende Anordnung der Elemente eine derartige Numerierung stets *ermöglicht* werden kann.

Die Hinzufügung der Zahl 0 ändert ersichtlich nichts an der Abzählbarkeit unserer Menge, wie überhaupt *die Eigenschaft einer Menge, abzählbar zu sein, durch Hinzufügung endlich vieler Elemente zu ihren ursprünglichen Elementen nicht verändert wird;* denn man kann ja die endlich vielen neuen Elemente in der Abzählung an den Anfang stellen und bewirkt dadurch nur, daß jedes der ursprünglichen Elemente in der neuen Abzählung eine um eine feste Zahl erhöhte Platznummer erhält.

Wir wollen jetzt ein von den bisher behandelten Mengen etwas verschiedenes Beispiel einer abzählbaren Menge betrachten. Bekanntlich liegen zwischen zwei benachbarten ganzen Zahlen g und $g + 1$ (z. B. zwischen den Zahlen 1 und 2) unendlich viele gemeine Brüche $\frac{m}{n}$, wobei wir der Einfachheit halber unter n stets eine natürliche (also *positive* ganze) Zahl und unter m eine zu n teilerfremde positive oder negative ganze Zahl verstehen wollen [1]). Sind m und n von vornherein nicht ohne gemeinsamen Teiler gegeben, wie z. B. in den Brüchen $\frac{6}{3}$ oder $-\frac{10}{4}$, so kann man diesen Mangel durch Wegdividieren des größten gemeinsamen Teilers von Zähler und Nenner beseitigen, also 2 oder ausgeschrieben $\frac{2}{1}$ für $\frac{6}{3}$, bzw. $-\frac{5}{2}$ für $-\frac{10}{4}$ einsetzen. Wie man sich leicht überzeugt, liegen sogar zwischen irgend zwei sich noch so wenig voneinander unterscheidenden Brüchen immer noch unendlich viele verschiedene Brüche. Denn mag der Unterschied zwischen $\frac{m}{n}$ und $\frac{m_1}{n_1}$ noch so klein sein, man kann ihn immer noch in beliebig viele, z. B. eine Million, gleiche Teile teilen, dann den Unterschied zwischen je zwei so entstandenen Zwischenzahlen wieder in beliebig viele gleiche Teile spalten und so endlos weiter; man erhält auf diese Weise unendlich viele zwischen $\frac{m}{n}$ und $\frac{m_1}{n_1}$ gelegene Brüche.

Wir betrachten nun die Menge aller denkbaren positiven und negativen gemeinen Brüche oder rationalen Zahlen (einschließlich Null), eine Menge, die nach dem Gesagten unendlich mal viel umfassender ist als die Menge der ganzen Zahlen, da zwischen je zwei Elementen der letztgenannten Menge noch unendlich viele Elemente der Menge aller Brüche liegen. Dennoch ist auch die Menge aller Brüche abzählbar, wie das folgende Verfahren erweist: $\frac{m}{n}$ sei ein

---

[1]) Unter „Bruch" schlechthin soll stets ein gemeiner Bruch in der im Text angegebenen Darstellung $\frac{m}{n}$ verstanden werden; ist im besonderen $n = 1$, so stellt der Bruch $\frac{m}{1}$ die ganze Zahl m dar; auch $0 = \frac{0}{1}$ wird als Bruch betrachtet. Statt „Bruch" sagt man im nämlichen Sinn auch „rationale Zahl". — Teilerfremd nennt man zwei ganze Zahlen m und n, wenn es außer 1 keine natürliche Zahl t (keinen „gemeinsamen Teiler") gibt, die in beiden Zahlen m und n gleichzeitig enthalten ist.

beliebiger *positiver* Bruch, es sei also nicht nur n, sondern auch m positiv. Die Summe $m + n$ der ganzen positiven Zahlen m und n werde mit s bezeichnet, also $s = m + n$. Ist umgekehrt die positive Zahl s an Stelle von $\frac{m}{n}$ gegeben, so gibt es außer $\frac{m}{n}$ natürlich noch andere positive Brüche $\frac{m_1}{n_1}$, $\frac{m_2}{n_2}$ usw. von der Eigenschaft, daß die Summe aus Zähler und Nenner für sie gerade s beträgt; dabei sollen wie stets nur solche Brüche $\frac{m_1}{n_1}$, $\frac{m_2}{n_2}$ usw. in Betracht kommen, bei denen Zähler und Nenner teilerfremd sind. Bei fest gegebenem Werte s wollen wir diese Brüche $\frac{m}{n}$, $\frac{m_1}{n_1}$, $\frac{m_2}{n_2}$ usw., um eine bestimmte Reihenfolge unter ihnen zu haben, etwa so ordnen, daß zuerst der Bruch mit dem größten Zähler, dann Brüche mit allmählich abnehmenden Zählern und dementsprechend zunehmenden Nennern, am Schluß der Bruch mit dem kleinsten Zähler und dem größten Nenner zu stehen kommt. Ist z. B. $s = 7$ gegeben, so sind alle Brüche $\frac{m}{n}$, $\frac{m_1}{n_1}$ usw. der fraglichen Art in der angegebenen Reihenfolge die folgenden:

$$\tfrac{6}{1},\quad \tfrac{5}{2},\quad \tfrac{4}{3},\quad \tfrac{3}{4},\quad \tfrac{2}{5},\quad \tfrac{1}{6}.$$

Ist $s = 8$, so erhält man die nachstehende Folge:

$$\tfrac{7}{1},\quad \tfrac{5}{3},\quad \tfrac{3}{5},\quad \tfrac{1}{7};$$

denn $\frac{6}{2}$, $\frac{4}{4}$ und $\frac{2}{6}$ fallen weg, weil hier Zähler und Nenner nicht teilerfremd sind. Man erkennt leicht, daß zu jedem Werte s, wie groß er auch immer sei, stets nur *endlich viele* Brüche $\frac{m}{n}$, $\frac{m_1}{n_1}$ usw. von der gewünschten Art gehören; denn es gibt ja nur endlich viele Paare von natürlichen Zahlen, deren Summe gleich der (endlichen) natürlichen Zahl s ist.

Wir ordnen nun die Gesamtheit aller Brüche, unter denen auch die ganzen Zahlen (Nenner $n = 1$) vorkommen, in folgender Weise an: Zuerst kommt die Zahl $0 = \frac{0}{1}$, für die $s = 0 + 1 = 1$ ist. Dann folgen zunächst die positiven Brüche $\frac{m}{n}$, für die $s = m + n$ den Wert 2 hat, darauf diejenigen, für die $s = 3$ ist, alsdann die mit $s = 4$, $s = 5$, $s = 6$ und so endlos weiter. Innerhalb jedes Systems von Brüchen, für die s den nämlichen Wert hat, führen wir die oben erläuterte Anordnung nach abnehmenden Zählerwerten ein; dabei schieben wir aber jetzt auch noch alle negativen Brüche in der Weise ein, daß jedem positiven Bruch $\frac{m}{n}$ der mit dem Vorzeichen „minus“ versehene negative Bruch $-\frac{m}{n}$ unmittelbar folgt. Wir erhalten so eine endlose Folge von Brüchen, die folgendermaßen beginnt:

$$\tfrac{0}{1};\quad \tfrac{1}{1},\ -\tfrac{1}{1};\quad \tfrac{2}{1},\ -\tfrac{2}{1},\ \tfrac{1}{2},\ -\tfrac{1}{2};\quad \tfrac{3}{1},\ -\tfrac{3}{1},\ \tfrac{1}{3},\ -\tfrac{1}{3};$$
$$\tfrac{4}{1},\ -\tfrac{4}{1},\ \tfrac{3}{2},\ -\tfrac{3}{2},\ \tfrac{2}{3},\ -\tfrac{2}{3},\ \tfrac{1}{4},\ -\tfrac{1}{4};\quad \tfrac{5}{1},\ -\tfrac{5}{1},\ \tfrac{1}{5},\ -\tfrac{1}{5};$$
$$\tfrac{6}{1},\ -\tfrac{6}{1},\ \tfrac{5}{2},\ -\tfrac{5}{2},\ \tfrac{4}{3},\ -\tfrac{4}{3},\ \tfrac{3}{4},\ -\tfrac{3}{4},\ \tfrac{2}{5},\ -\tfrac{2}{5},\ \tfrac{1}{6},\ -\tfrac{1}{6};$$
$$\tfrac{7}{1},\ -\tfrac{7}{1},\ \tfrac{5}{3},\ -\tfrac{5}{3},\ \ldots\ .$$

In dieser Folge sind nun auch *alle* überhaupt existierenden Brüche enthalten, und jeder Bruch hat in ihr einen bestimmten angebbaren Platz. Ist nämlich $\frac{p}{q}$ ein beliebiger positiver Bruch, so bilde man $p + q = t$; dann kommen in unserer Folge sicher nur endlich viele Brüche $\frac{m}{n}$ vor, für die $m + n = s$ kleiner ist als t und die daher unserem Bruch $\frac{p}{q}$ vorangehen; da auch die Brüche, für die die Summe aus Zähler und Nenner gerade t beträgt, nur in endlicher Zahl vorhanden sind, so gelangt man nach einer bestimmten, endlichen Zahl von Schritten in unserer Folge zu dem Bruch $\frac{p}{q}$. Sollte $\frac{p}{q}$ ein negativer Bruch sein, so findet man ihn eine Stelle weiter, nämlich unmittelbar nach dem entsprechenden positiven Bruch.

In der so aufgestellten Folge aller Brüche haben wir nun einen ersten Bruch ($\frac{0}{1}$), einen zweiten ($\frac{1}{1}$), einen dritten ($-\frac{1}{1}$) usw., d. h. wir haben durch unsere Anordnung die Menge aller Brüche abgezählt und sie damit auf die Menge der natürlichen Zahlen abgebildet. *Die Menge aller gemeinen Brüche (aller rationalen Zahlen) ist also abzählbar.*

Mittels der in Beispiel 5) von § 2 vorgeführten Zahlengeraden (S. 5; vgl. auch die dortige Abb. 2) können wir aus der Menge aller Brüche sofort ein interessantes geometrisches Beispiel einer abzählbaren Menge gewinnen. Erinnern wir uns nämlich jetzt, da wir im Besitz des Begriffs der umkehrbar eindeutigen Zuordnung und desjenigen der Äquivalenz sind, nochmals jenes Beispiels, so bemerken wir, daß die Zahlengerade eine Abbildung zwischen Mengen von Zahlen und Mengen von Punkten liefert. Denn greift man auf der Zahlengeraden eine beliebige Menge von Punkten heraus — es muß nicht gerade die durch *sämtliche* Punkte der Geraden gebildete Menge sein —, so ist dieser Punktmenge von selber (nämlich durch die für die Punkte verwendete Bezeichnung) diejenige Zahlenmenge umkehrbar eindeutig zugeordnet, welche aus all denjenigen reellen Zahlen besteht, durch die die Punkte der betreffenden Punktmenge auf der Zahlengeraden bezeichnet werden. Jede solche Punktmenge ist demnach der ihr entsprechenden Zahlenmenge äquivalent.

Wir betrachten nun *die Menge, die aus allen denjenigen Punkten der Zahlengeraden besteht, welche durch Brüche (rationale Zahlen) bezeichnet werden.* Um uns ein Bild von dieser Menge zu machen, bedenken wir, daß (vgl. S. 20) zwischen je zwei ganzen Zahlen und sogar zwischen je zwei beliebigen Brüchen immer noch unendlich viele verschiedene Brüche liegen; auf die Zahlengerade angewandt, besagt dies: Zwischen je zwei noch so nahe beieinander gelegenen Punkten unserer Punktmenge auf der Geraden liegen immer noch unendlich viele Punkte, die unserer Menge angehören (d. h. die durch Brüche bezeichnet werden). Unsere Menge von Punkten erfüllt also die Gerade überall unendlich dicht, und es könnte fast scheinen, als werde die ganze gerade Linie nur eben von den Punkten unserer Menge gebildet — eine Vermutung, die sich allerdings zu Beginn des nächsten Paragraphen als im höchsten Grade trügerisch erweisen wird.

Vergleicht man mit der so betrachteten Punktmenge die nur aus den Punkten 1, 2, 3, ... der Zahlengeraden bestehende Punktmenge, die offenbar der Menge aller natürlichen Zahlen entspricht, so müssen diese beiden Punktmengen einander äquivalent sein, weil die beiden ihnen bezüglich äquivalenten Zahlenmengen, nämlich die Menge aller Brüche (oder rationalen Zahlen) und die Menge aller natürlichen Zahlen, sich als äquivalent erwiesen haben. Wie ungleich diese beiden äquivalenten Punktmengen sind, wieviel umfassender nämlich die erste ist als die zweite, lehrt aber schon die flüchtigste Anschauung; und die zunächst vielleicht naheliegende Meinung, zwei unendliche Mengen müßten „gleichgroß" oder wenigstens „ungefähr gleichgroß" sein, um sich als äquivalent zu erweisen (eine Meinung, die bei endlichen Mengen in der Tat, und zwar in ersterem Sinne, zutrifft), ist hiernach schon hinreichend deutlich als unrichtig erkannt.

Übrigens ist nicht nur die Menge, welche alle rationalen Zahlen in ihrer Gesamtheit enthält, abzählbar, sondern das Nämliche gilt auch von jeder unendlichen Teilmenge dieser Menge, d. h. von jeder Menge, die unendlich viele Elemente enthält und deren Elemente ausschließlich rationale Zahlen sind. Ist dies nachgewiesen, so folgt daraus gemäß der vorangegangenen Betrachtung von selbst, daß auch jede Menge von unendlich vielen Punkten der Zahlengeraden abzählbar ist, falls die betreffenden Punkte sämtlich durch rationale Zahlen bezeichnet sind. Zum Beweis jener Behauptung denken wir uns zunächst die Menge *aller* rationalen Zahlen abgezählt, d. h. ihre Elemente derart angeordnet, daß ein erster, ein zweiter Bruch usw. erscheint. Eine beliebige unendliche Teilmenge der so angeschriebenen Menge entsteht dadurch, daß beliebig viele (endlich oder unendlich viele) Brüche in der Abzählung gestrichen werden, aber so, daß jedenfalls noch unendlich viele Brüche in ihr stehenbleiben. Unter diesen übriggelassenen Brüchen steht wiederum einer an erster Stelle, einer an zweiter usw. Ordnen wir daher jedem Bruch seine neue Platznummer zu, so ist die übriggebliebene Teilmenge abgezählt, der gewünschte Nachweis also geliefert.

Geht man, statt von der (abzählbaren) Menge aller Brüche, von irgendeiner *beliebigen* abzählbaren Menge aus, so kann man für jede unendliche Teilmenge derselben genau die nämliche Betrachtung durchführen und erhält so den Satz:

Jede unendliche Teilmenge einer abzählbaren Menge ist abzählbar.

Der aufmerksame Leser wird nun vielleicht schon an dieser Stelle etwas gelangweilt oder mindestens enttäuscht sich fragen: Ist denn, bei allen interessanten Kunstgriffen im einzelnen, dies alles nicht letzten Endes trivial, liegt denn die Sache nicht so, daß, wie beim gewöhnlichen rohen Begriff des Unendlichgroßen, so auch bei den *unendlichen Mengen* alle Größenunterschiede verschwinden, so daß bei Aufwendung genügenden Scharfsinns alle unendlichen Mengen aufeinander abgebildet werden können und also der Satz gilt: *Alle* unendlichen Mengen sind untereinander äquivalent? Träfe dieser Satz zu, so wären der Begriff der Äquivalenz und die bisherigen Betrachtungen über unendliche Mengen ohne wesentliche Bedeutung; es würde sich mit den unendlichen Mengen ähnlich verhalten wie mit dem naiven Begriff des Unendlichen, für den Beziehungen gelten wie die folgenden: „Unendlich plus Unendlich = Unendlich", „Unendlich plus jeder endlichen Größe = Unendlich" usw., der aber einer scharfen Umgrenzung unfähig ist. Die Zurückweisung dieser berechtigten Frage werde dem Beginn des nächsten Paragraphen vorbehalten. Vorher soll hier noch ein letztes Beispiel einer abzählbaren Menge gegeben werden, das die eben gestellte Frage als noch näherliegend, aber dafür auch den im nächsten Paragraphen dargestellten ersten großen Triumph der Mengenlehre als um so bedeutungsvoller und dramatischer erscheinen läßt.

Dem in Frage stehenden letzten Beispiel einer abzählbaren Menge sei eine Bemerkung vorangeschickt. Wie auf S. 7 definiert, verstehen wir unter einer *algebraischen Zahl* jede reelle Wurzel einer algebraischen Gleichung

$$(1) \qquad a_n x^n + a_{n-1} x^{n-1} + \cdots + a_2 x^2 + a_1 x + a_0 = 0 ,$$

wo der Grad n eine gegebene natürliche Zahl und $a_n, a_{n-1}, \ldots, a_1, a_0$ beliebig gegebene ganze Zahlen bedeuten (von denen die erste a_n als von Null verschieden anzunehmen ist, da sonst das Glied $a_n x^n$ fortgelassen werden könnte und es sich dann um eine Gleichung von niedrigerem als dem n^{ten} Grad handeln würde). Jede reelle Zahl also, durch deren Eintreten an Stelle der unbekannten Größe x die linke Seite der obigen Gleichung gleich Null wird, ist eine algebraische Zahl, und zwar gleichviel, wie die ganzen Zahlen $n, a_n, a_{n-1}, \ldots, a_1, a_0$ (mit den angeführten Beschränkungen) gegeben sind. Hiernach ist zunächst jede ganze Zahl und allgemeiner jeder Bruch eine algebraische Zahl; denn der Bruch $\frac{p}{q}$ ist ja ersichtlich eine Wurzel der Gleichung $q x - p = 0$. Die Brüche oder rationalen Zahlen stellen aber offenbar nur einen kleinen Teil der Gesamtheit aller algebraischen Zahlen dar, da sie schon mit den Wurzeln der Gleichungen *ersten* Grades ($n = 1$) zusammenfallen; in der Tat sind die Wurzeln einer Gleichung von höherem als dem ersten Grad (also für $n = 2, 3, 4, \ldots$) im allgemeinen keine rationalen Zahlen, sondern „irrational" (so z. B. $\sqrt{2}$, $\sqrt[3]{5}$ usw.). Es möge hier noch ohne Beweis an den schon auf S. 7 erwähnten bekannten Satz aus den Elementen der Algebra erinnert werden, wonach eine algebraische Gleichung niemals mehr verschiedene Wurzeln hat, als ihr Grad angibt; die Gleichung (1) besitzt also höchstens n Wurzeln.

Wir betrachten nun die *Menge aller algebraischen Zahlen* und wollen den Nachweis führen, daß auch diese Menge abzählbar ist. Zu diesem Zwecke ordnen wir zunächst alle denkbaren algebraischen *Gleichungen* in bestimmter Reihenfolge an. Ist nämlich eine beliebige algebraische Gleichung n^{ten} Grades wieder in der Form (1) gegeben:

(1) $$a_n x^n + a_{n-1} x^{n-1} + \cdots + a_2 x^2 + a_1 x + a_0 = 0\,,$$

wobei a_n von Null verschieden ist, und bezeichnen wir, wie üblich, mit $|a|$ den sogenannten *absoluten Betrag* der reellen Zahl a, d. h. die *positive* Zahl, die gleich a bzw. gleich $-a$ ist[1]), so wird die ganze Zahl

(2) $$h = (n-1) + |a_n| + |a_{n-1}| + \cdots + |a_2| + |a_1| + |a_0|$$

die *Höhe* der Gleichung (1) genannt. Offenbar gehört dann zu jeder algebraischen Gleichung eine einzige positive ganze Zahl h als ihre Höhe; z. B. hat die Gleichung $2x^2 - 3x + 1 = 0$ die Höhe $1 + 2 + 3 + 1 = 7$, die Gleichung $x^3 = 0$ (oder ausführlicher geschrieben: $x^3 + 0 \cdot x^2 + 0 \cdot x + 0 = 0$) die Höhe $2 + 1 + 0 + 0 + 0 = 3$. Umgekehrt gehören aber, wie leicht einzusehen ist und wie im nächsten Absatz ausführlich gezeigt werden soll, zu einer gegebenen positiven ganzen Zahl h zwar mehrere, aber stets nur *endlich viele* algebraische Gleichungen, die gerade die Höhe h besitzen.

Denn zunächst kann der Grad n einer Gleichung von der Höhe h sicher selbst nicht größer sein als die Zahl h, wie aus der obigen Beziehung (2) hervorgeht; die Anzahl der $n + 2$ Größen $n - 1$, a_n, ..., a_1, a_0 ist also nicht größer als $h + 2$. Ferner läßt sich die Zahl h nur auf endlich viele verschiedene Arten als Summe von höchstens $h + 2$ positiven ganzen Zahlen (die Null einbegriffen) darstellen, d. h. es gibt nur endlich viele Systeme von höchstens $h + 2$ nichtnegativen ganzen Zahlen:

$$n - 1\,,\ A_n\,,\ A_{n-1}\,,\ \ldots,\ A_1\,,\ A_0\,,$$

die zueinander addiert gerade die Zahl h ausmachen und von denen überdies

[1]) Es ist also z. B. $|5| = 5$, $|-4| = 4$, $|0| = 0$.

noch A_n als von Null verschieden vorausgesetzt werden kann und soll. Endlich gibt es drittens zu jedem solchen System

$$n-1,\ A_n,\ A_{n-1},\ \ldots,\ A_1,\ A_0$$

wieder nur endlich viele Gleichungen vom Grade n, bei denen in der Schreibweise (1) die Zahlen $a_n = \pm A_n$, $a_{n-1} = \pm A_{n-1}, \ldots, a_1 = \pm A_1$, $a_0 = \pm A_0$ (d. h. also die nach Belieben mit positivem oder negativem Vorzeichen versehenen Zahlen $A_n, \ldots, A_0$) nacheinander auftreten.

Dieser etwas abstrakte Nachweis der Tatsache, daß zu einer bestimmten positiven ganzen Zahl h stets nur *endlich viele* algebraische Gleichungen mit der Höhe h gehören, wird sogleich verständlicher bei seiner Durchführung an einem konkreten Beispiel, etwa dem Falle $h = 3$. Hier kommen zunächst nur Gleichungen ersten, zweiten oder dritten Grades in Betracht; denn schon für $n = 4$ ist die Beziehung (2), die dann die Form $3 = 3 + |a_n| + \cdots + |a_1| + |a_0|$ annimmt, nicht mehr erfüllbar, wenn a_n, wie vorausgesetzt, von Null verschieden ist. Es ergibt sich also im Falle $h = 3$ für die Beziehung (2) die folgende Form:

$$3 = (n-1) + |a_n| + \cdots + |a_1| + |a_0|,$$

wobei für n nur die Werte 3, 2 oder 1, für $n - 1$ also nur die Werte 2, 1 oder 0 in Betracht kommen und überdies $|a_n|$ von Null verschieden ist. Diese Beziehung aber läßt sich, wie man durch Probieren leicht einsieht, nur auf folgende sieben Arten erfüllen:

$$\begin{aligned} 3 &= 2+1+0+0+0 \\ &= 1+0+2+0+0 = 1+0+1+1+0 = 1+0+1+0+1 \\ &= 0+0+0+3+0 = 0+0+0+2+1 = 0+0+0+1+2. \end{aligned}$$

Jeder einzelnen dieser sieben Beziehungen entsprechen nun genau so viele Gleichungen der Form (1), wie die Anzahl aller möglichen Verteilungen von Plus- und Minuszeichen in der betreffenden Beziehung beträgt (wobei nur von dem niemals negativen ersten Summanden $n - 1$ abzusehen ist); z. B. läßt sich die erste der sieben Beziehungen bei Hinzufügung von Vorzeichen auf folgende zwei Arten schreiben:

$$3 = 2 + |1| + |0| + |0| + |0| = 2 + |-1| + |0| + |0| + |0|,$$

die dritte dagegen auf folgende vier Arten:

$$\begin{aligned} 3 &= 1 + |0| + |1| + |1| + |0| = 1 + |0| + |1| + |-1| + |0| \\ &= 1 + |0| + |-1| + |1| + |0| = 1 + |0| + |-1| + |-1| + 0. \end{aligned}$$

Den hier angeschriebenen zwei bzw. vier Beziehungen entsprechen dann die folgenden zwei bzw. vier algebraischen Gleichungen von der Höhe 3:

$$x^3 = 0, \quad -x^3 = 0$$

bzw. $x^2 + x = 0$, $x^2 - x = 0$, $-x^2 + x = 0$, $-x^2 - x = 0$.

Man überzeugt sich leicht, daß man aus den vorher angeschriebenen sieben Beziehungen im ganzen 22 solche Gleichungen erhält, und das sind *sämtliche* Gleichungen von der Höhe 3.

Wir haben so erkannt, daß zu jeder Höhe h stets nur *endlich viele* Gleichungen gehören, die diese Höhe besitzen, und können darauf gestützt die Gesamtheit aller algebraischen Gleichungen abzählen. In der fraglichen Abzählung sollen zuerst die Gleichungen von der Höhe 1 auftreten, dann die Gleichungen von der Höhe 2, darauf die von der Höhe 3 usw. Unter den endlich vielen Gleichungen, welche jeweils die nämliche Höhe besitzen, kann eine beliebige Reihenfolge vorgeschrieben werden; z. B. könnte man diese Gleichungen zunächst nach ihrem Grad ordnen, diejenigen gleichen Grades n aber nach der Größe der in ihnen vorkommenden Zahlen a_n, a_{n-1}, ... in dieser Reihenfolge. Auf diese Weise erhält man eine vollständige Anordnung aller algebraischen Gleichungen als erste, zweite, dritte und so endlos weiter. Ist eine beliebige Gleichung gegeben, so kann zwar im allgemeinen nur recht umständlich, aber doch mit Sicherheit und in endlicher Zeit bestimmt werden, die wievielte Gleichung in unserer Anordnung vorliegt; man kann z. B. die Höhe der gegebenen Gleichung bestimmen, dann auf dem oben skizzierten Weg die Liste sämtlicher Gleichungen bis zu denen der fraglichen Höhe einschließlich aufstellen und endlich abzählen, wie viele Gleichungen in dieser Liste vor der gegebenen Gleichung auftreten.

Hiermit ist aber der gesuchte Beweis der Tatsache, daß die Menge aller algebraischen Zahlen abzählbar ist, nahezu vollendet. Wir denken uns nämlich die Wurzeln aller Gleichungen unserer Abzählung angeschrieben und zwar zuerst die Wurzeln der ersten Gleichung, dann die der zweiten, darauf die der dritten usw. Eine bestimmte Gleichung besitzt stets nur *endlich viele* Wurzeln (vgl. S. 26); diese können wir jeweils ihrer Größe nach ordnen. Bei der sich so ergebenden Folge algebraischer Zahlen kann und wird es vorkommen, daß die nämliche Zahl zu wiederholten Malen auftritt; z. B. kommt die Zahl 2 als Wurzel der Gleichung $x - 2 = 0$, also unter den Wurzeln der Gleichungen von der Höhe 3 vor, aber auch als Wurzel der Gleichung $x^2 - 4 = 0$, d. h. unter den Wurzeln der Gleichungen von der Höhe 6. Um eine Wiederholung der nämlichen Zahl zu verhindern, soll daher festgesetzt werden, daß jede Zahl nur *einmal*, nämlich bei ihrem ersten Auftreten in unserer Anordnung stehenbleiben, bei jeder Wiederholung aber gestrichen werden soll. Wir erhalten so eine Folge algebraischer Zahlen, in der es eine erste, eine zweite, eine dritte Zahl usw. gibt und in der keine Zahl zweimal vorkommt.

In dieser Folge kommt aber auch *jede* algebraische Zahl wirklich an bestimmter Stelle vor. Denn ist eine beliebige algebraische Zahl, d. h. eine bestimmte Wurzel einer gewissen algebraischen Gleichung gegeben, so kann man zunächst die Höhe dieser Gleichung bestimmen und feststellen, den wievielten Platz in unserer Anordnung aller Gleichungen jene Gleichung besitzt; darauf kann man sich die Folge der algebraischen Zahlen bis zu den Wurzeln der fraglichen Gleichung einschließlich angeschrieben denken und schließlich abzählen, die wievielte Zahl in dieser Folge die gegebene Zahl ist. Es ist also wirklich die Menge *aller* algebraischen Zahlen, die wir auf diese Weise abzählen und damit auf die Menge der natürlichen Zahlen abbilden. Wir haben somit den Satz bewiesen:

Die Menge aller algebraischen Zahlen ist abzählbar,

eine der berühmtesten unter den ersten mengentheoretischen Entdeckungen CANTORS.

Eine anschaulichere Vorstellung von dem Sinne dieses Satzes erhalten wir, wenn wir uns an die geometrische Deutung des Satzes von der Abzählbarkeit der Menge aller rationalen Zahlen (S. 22ff.) erinnern. Wir sprachen damals von der dichten Erfüllung der Zahlengeraden mit Punkten, die durch rationale Zahlen bezeichnet werden. Es gibt aber offenbar (vgl. S. 5) auch Punkte auf der Zahlengeraden, die nicht durch rationale, sondern durch sogenannte irrationale Zahlen wie $\sqrt{2}$, $\sqrt[3]{5}$ usw. bezeichnet werden. Nun sind z. B. $\sqrt{2}$ und $\sqrt[3]{5}$ algebraische Zahlen, nämlich Wurzeln der Gleichungen $x^2 - 2 = 0$ und $x^3 - 5 = 0$; und ebenso wie die Punkte $\sqrt{2}$ und $\sqrt[3]{5}$ gibt es unendlich viele weitere Punkte, die zwar nicht durch rationale Zahlen, wohl aber durch algebraische Zahlen bezeichnet werden. Der bewiesene Satz besagt, daß *die Menge aller derjenigen Punkte der Zahlengeraden, die durch algebraische Zahlen bezeichnet werden, auch noch abzählbar ist.* Diese Punktmenge erfüllt offenbar die Gerade noch unvergleichlich viel dichter, als dies von der Menge der durch rationale Zahlen bezeichneten Punkte gilt; und noch weit näher als bei der früheren Menge liegt nunmehr der Gedanke, daß die jetzt betrachtete Punktmenge unsere Zahlengerade lückenlos erfülle, d. h. daß sie identisch sei mit der Gesamtheit *aller* Punkte auf der Geraden. Dies würde dann besagen, daß die Menge aller auf einer geraden Linie gelegenen Punkte abzählbar wäre.

Dem Nachweis, daß dies *nicht* der Fall ist und daß sich sogar die Menge aller Punkte einer beliebig kleinen endlichen Strecke nicht mehr abzählen läßt, soll demgegenüber der erste Teil des nächsten Paragraphen gewidmet sein.

§ 5. Das Kontinuum. Begriff der Kardinalzahl oder Mächtigkeit. Die Kardinalzahlen $\mathfrak{a}$, $\mathfrak{c}$ und $\mathfrak{f}$.

Wir betrachten die Gesamtheit aller positiven (reellen) Zahlen, die kleiner als 1 sind, einschließlich der Zahl 1 selber und wollen die aus all diesen Zahlen bestehende Menge im Laufe der nächsten Betrachtungen dieses Paragraphen stets mit M bezeichnen. Um von dieser Menge von vornherein eine anschauliche Vorstellung zu gewinnen, bedienen wir uns wieder der Zahlengeraden; da es sich um positive Zahlen handelt, haben wir die rechts vom Nullpunkt liegende Hälfte der Geraden zu betrachten und erkennen, daß der Menge M die Menge N aller zwischen dem Nullpunkt 0 und dem Einspunkt 1 (letzteren Endpunkt eingeschlossen) gelegenen Punkte der Zahlengeraden entspricht (vgl. S. 5f.). Diese Punktmenge ist der Zahlenmenge M äquivalent, es sind also beide Mengen entweder gleichzeitig abzählbar oder gleichzeitig nicht abzählbar.

Wir wollen vorerst überlegen, in welcher Form wir die Elemente der Menge M, d. h. die reellen Zahlen zwischen Null und Eins, einheitlich und einfach darstellen können. Hierzu eignet sich am besten die dem Leser aus den Schulerinnerungen noch wohlbekannte, allerdings auf der Schule meist wenig streng behandelte Darstellung einer beliebigen reellen Zahl als *Dezimalbruch.* Man unterscheidet bekanntlich erstens endliche oder *abbrechende* Dezimalbrüche, d. h. solche, bei denen von einer gewissen Stelle an lauter Nullen auftreten und die daher unter Fortlassung dieser Nullen vollständig hingeschrieben werden können (wie 0,3 oder 0,001), und zweitens *unendliche* Dezimalbrüche, für die dies nicht der Fall ist und bei denen daher unendlich viele Ziffern in periodischer oder nicht periodischer Folge auftreten (wie 0,333 ... oder $\sqrt{2} = 1{,}4142\ldots$). Daß zwei unendliche Dezimalbrüche, wenn sie nicht identisch sind, niemals die nämliche Zahl darstellen, mag aus der Schularithmetik als Selbstverständlichkeit vorausgesetzt werden (und ist übrigens bei scharfer Begründung der Lehre von den Dezimalbrüchen auch wirklich fast selbstverständlich). Etwas anders liegen die Verhältnisse beim Vergleich abbrechender und unendlicher Dezimalbrüche. Betrachtet man nämlich z. B. den abbrechenden Dezimalbruch 1 (d. h. 1,000 ...) und den unendlichen Dezimalbruch 0,999 ..., so besteht zwischen beiden Zahlen nicht der geringste Unterschied, sie sind vielmehr genau gleich. Diese Tatsache, auf deren Beweis hier nicht eingegangen werden soll, wird dem Leser ohnehin sofort einleuchten, wenn er sich zunächst erinnert oder durch Rechnen davon überzeugt, daß der Bruch $\frac{1}{3}$ die Dezimalbruchentwicklung 0,333 ... besitzt; multipliziert man die beiden Seiten der Beziehung $\frac{1}{3} = 0{,}333\ldots$ mit 3, so ergibt sich:

$$1 = \frac{3}{3} = 0{,}999\ldots .$$

Beziehungen dieser Art bestehen, wie zwischen 1 und 0,999 ..., so allgemein zwischen *allen* abbrechenden und gewissen unendlichen Dezimalbrüchen[1]); während sich im allgemeinen jede reelle Zahl nur *auf eine einzige Weise* als Dezimalbruch darstellen läßt, gibt es für jede Zahl, die sich als *abbrechender* Dezimalbruch schreiben läßt, noch eine zweite Darstellung als unendlicher Dezimalbruch mit der Periode 9. Will man daher alle reellen Zahlen zwischen 0 und 1, aber jede nur ein einziges Mal, in Dezimalbruchform erhalten, so braucht man nur alle *abbrechenden* Dezimalbrüche auszuschließen[2]). Es gilt also der Satz:

---

[1]) Ist nämlich m eine natürliche Zahl und bedeuten $a_1, a_2, \ldots, a_{m-1}, a_m$ lauter Zahlen aus der Reihe 0, 1, 2, ..., 8, 9, von denen a_m als von Null verschieden angenommen werde, so ist der abbrechende Dezimalbruch $0, a_1\, a_2 \ldots a_{m-1}\, a_m$ gleich dem folgenden unendlichen Dezimalbruch:

$$0, a_1\, a_2 \ldots a_{m-1}\, a_m{-}1\ 9\ 9\ 9 \ldots ;$$

z. B. ist 0,123 = 0,122999 ....

Die oben im Text angeführte Regel, wonach jeder abbrechende Dezimalbruch einem gewissen unendlichen Dezimalbruch gleich ist, erleidet einzig und allein für die Zahl 0 eine Ausnahme; die Null ist nicht als unendlicher Dezimalbruch darstellbar.

[2]) Für die strenge Begründung des Wesens der Dezimalbrüche und ihrer in diesem Absatz angeführten Eigenschaften vgl. z. B. die Darstellung bei A. Loewy, Lehrbuch der Algebra, 1. Teil (Leipz. 1915), S. 84ff.; dort findet man auch eine scharfe Entwicklung des in der vorliegenden Schrift nicht erörterten Begriffs der reellen Zahl.

Die Menge aller reellen Zahlen zwischen 0 und 1, letztere Zahl eingeschlossen, fällt zusammen mit der Menge aller unendlichen Dezimalbrüche zwischen 0 und 1, beide Grenzen eingeschlossen.

Wir können und wollen daher auch letztere Menge mit M bezeichnen. Die Festsetzung, daß die Zahl 1, nicht aber die Zahl 0 Element der Menge sein soll, ist erfüllt, da der Dezimalbruch 0,999 ..., der gleich Eins ist, der Menge angehört, nicht aber der abbrechende Dezimalbruch 0 (= 0,000 ...). Man beachte noch, daß alle Dezimalbrüche unserer Menge mit 0, ... beginnen, also die folgende Form haben:

$$0, a_1 a_2 a_3 a_4 \ldots,$$

wo $a_1, a_2, a_3, a_4, \ldots$ lauter Zahlen der Reihe $0, 1, 2, \ldots, 8, 9$ bedeuten.

Wir wollen nun den Nachweis führen, daß die Menge M all dieser unendlichen Dezimalbrüche nicht abzählbar ist; sie erweist sich nämlich als so unvergleichlich viel umfassender als die Menge aller natürlichen Zahlen (oder selbst aller algebraischen Zahlen), daß eine Abzählung der Elemente der Menge M, also ihre Abbildung auf die Menge der natürlichen Zahlen, unmöglich wird: wie immer man nämlich eine solche Abbildung herzustellen versuchen mag, immer werden Dezimalbrüche von M übrigbleiben, denen keine natürliche Zahl gegenübersteht. Um diesen ebenso grundlegenden wie geistvollen Beweis nach Cantor zu führen, bedienen wir uns des indirekten Schlußverfahrens. Wir wollen nämlich annehmen, der zu beweisende Satz sei gar nicht richtig, es sei vielmehr möglich, die Menge M auf die Menge der natürlichen Zahlen abzubilden, und irgendeine völlig beliebige derartige Abbildung Φ — d. h. eben eine Abzählung von M — sei gegeben; vermöge Φ gibt es dann einen der Zahl 1 zugeordneten Dezimalbruch, den wir als das erste Element von M betrachten können, ebenso einen zweiten Dezimalbruch, einen dritten, vierten usw., und mit der Gesamtheit aller unendlich vielen so numerierten Dezimalbrüche ist unsere Menge M erschöpft. Um dann diese ganze Annahme als falsch zu erweisen, genügt es offenbar zu zeigen, daß in Wirklichkeit *nicht* alle Dezimalbrüche von M in der fraglichen Folge numerierter Dezimalbrüche vorkommen; wir werden die Annahme schon dann als falsch erkannt haben, wenn es uns gelingt auch nur *einen einzigen* Dezimalbruch anzugeben, der sich bei noch so weiter Fortsetzung der gegebenen Abzählung von Dezimalbrüchen in dieser nicht findet, d. h. der nicht der m^{te} Dezimalbruch dieser Abzählung ist, wobei m jede noch so große natürliche Zahl bedeuten kann. Ist auch nur ein einziger solcher Dezimalbruch gefunden, so ist damit bewiesen, daß die Menge M in der Tat *nicht* abzählbar ist. Demgegenüber ist dann auch nicht etwa der Einwurf zulässig, es habe sich um einen unpraktischen Versuch der Abbildung von M auf die Menge der natürlichen Zahlen gehandelt und bei anderem Vorgehen hätte man sehr wohl eine aus einem ersten, einem zweiten, einem dritten, ... Dezimalbruch bestehende Folge herstellen können, die wirklich *alle* Dezimalbrüche von M enthalten hätte; dieser Einwurf ist deshalb nichtig, weil in dem Beweis gar keine Voraussetzung über die *Art* jener abgezählten Folge gemacht wird, der Beweis also *jede denkbare* Abzählung der Menge M trifft.

Wir führen den Beweis, dessen Gedankengang im äußeren Umriß soeben skizziert worden ist, jetzt wirklich durch. Um zu zeigen, daß die Menge M nicht abzählbar ist, nehmen wir also zunächst an, sie sei wirklich abzählbar und es sei eine beliebige Abzählung Φ gegeben. Den ersten Dezimalbruch der Abzählung wollen wir dann etwa mit $0, a_1 a_2 a_3 \ldots$ bezeichnen, wo a_1, a_2, a_3 usw. lauter Ziffern der Reihe $0, 1, 2, \ldots, 8, 9$ bedeuten; der zweite Dezimalbruch sei $0, b_1 b_2 b_3 \ldots$, wo auch die Ziffern $b_1, b_2, b_3, \ldots$ dem System $0, 1, \ldots, 9$ entnommen sind, ebenso werde der dritte Dezimalbruch mit $0, c_1 c_2 c_3 \ldots$ bezeichnet usw. Wir denken uns die Folge all dieser (unendlich vielen) Dezimalbrüche in nachstehender Weise angeschrieben:

$$\begin{array}{ll}
1) & 0, a_1\, a_2\, a_3\, a_4\, a_5 \ldots \\
2) & 0, b_1\, b_2\, b_3\, b_4\, b_5 \ldots \\
3) & 0, c_1\, c_2\, c_3\, c_4\, c_5 \ldots \\
4) & 0, d_1\, d_2\, d_3\, d_4\, d_5 \ldots \\
5) & 0, e_1\, e_2\, e_3\, e_4\, e_5 \ldots \\
\cdot & \cdot \\
\cdot & \cdot \\
\cdot & \cdot
\end{array}$$

Hierdurch soll eine zwar von vornherein völlig beliebige, aber von nun an *bestimmte* Abzählung Φ ausgedrückt werden; die zweifach unendlich vielen Ziffern $a_1, a_2, a_3, \ldots; b_1, b_2, b_3, \ldots; c_1, c_2, c_3, \ldots$ usw. sind also zwar zunächst *beliebig* der Reihe $0, 1, \ldots, 8, 9$ entnommen, aber von jetzt an als fest gewählt zu betrachten, d. h.

es liegen lauter zahlenmäßig bestimmte Dezimalbrüche in fester Reihenfolge vor.

Es soll nun eine unendliche Folge von Zahlen α_1, β_2, γ_3, δ_4, ε_5, ... durch folgende zwei Festsetzungen definiert werden: Erstens sollen sämtliche Zahlen α_1, β_2, γ_3, ... usw. wiederum der Reihe 0, 1, ..., 8, 9 entnommen sein, also lauter einzelne Ziffern darstellen. Zweitens soll α_1 verschieden sein von der ersten Dezimalziffer des ersten Dezimalbruchs der Abzählung Φ, also verschieden sein von a_1; ebenso soll β_2 verschieden sein von der zweiten Dezimalziffer des zweiten Dezimalbruchs von Φ, d. h. von b_2; in gleicher Weise soll γ_3 von c_3 verschieden sein, δ_4 von d_4, ε_5 von e_5 usw.; ist m eine beliebige natürliche Zahl, so ist die m^{te} Zahl der Zahlenfolge α_1, β_2, γ_3, ... verschieden von der m^{ten} Dezimalziffer des m^{ten} Dezimalbruchs unserer vermöge Φ angeschriebenen Folge von Dezimalbrüchen, im übrigen aber völlig beliebig innerhalb der Reihe 0, 1, ..., 8, 9. Dadurch sind allerdings die Zahlen α_1, β_2, γ_3, ... noch nicht vollständig festgelegt; denn ist z. B. $a_1 = 3$, so kann unter α_1 noch eine beliebige der 9 Zahlen 0, 1, 2, 4, 5, 6, 7, 8, 9 verstanden werden. Die Auswahl unter diesen Möglichkeiten soll ganz beliebig, aber in jedem Fall ein für allemal *bestimmt* getroffen werden, so daß uns jetzt jede der Zahlen α_1, β_2, γ_3 usw. eine völlig bestimmte Ziffer darstellt. Wir können aus diesen unendlich vielen Zahlen den folgenden ganz bestimmten unendlichen Dezimalbruch bilden:

$$0,\ \alpha_1\ \beta_2\ \gamma_3\ \delta_4\ \varepsilon_5\ \ldots,$$

den wir zur Abkürzung mit D bezeichnen wollen[1]).

Wir zeigen nun schließlich, daß dieser Dezimalbruch D in der angeschrieben gedachten Folge von Dezimalbrüchen nirgends vorkommt, wie weit man diese Folge auch fortgesetzt haben mag; mit anderen Worten: nimmt m den Wert jeder natürlichen Zahl an, so ist der Dezimalbruch D stets verschieden von dem m^{ten} Dezimalbruch der vermöge Φ abgezählten Folge von Dezimalbrüchen. Dies ist sehr leicht einzusehen: D ist nämlich nicht der erste Dezimalbruch jener Folge, da sich D von diesem zum mindesten in der ersten Dezimalziffer α_1 unterscheidet, die ja verschieden von der ersten Dezimalziffer a_1 jenes ersten Dezi-

[1]) Werden die Ziffern α_1, β_2, γ_3 usw. irgendwie anders gemäß der obigen Vorschrift gewählt, so erhält man einen anderen Dezimalbruch D. Man kann also derartige Dezimalbrüche in mannigfachster Weise bilden.

malbruchs gewählt war. Ebensowenig kann D der zweite Dezimalbruch jener Folge sein; denn von dieser weicht D jedenfalls in der zweiten Dezimalziffer β_2 ab, die verschieden ist von b_2; ebenso unterscheidet sich D von dem dritten Dezimalbruch mindestens in der dritten Stelle γ_3, vom vierten in der vierten Stelle δ_4 usw. Ist endlich m eine ganz beliebige natürliche Zahl, so kann D auch nicht der m^{te} Dezimalbruch jener Folge sein; denn nach der Definition von D ist ja jedenfalls die m^{te} Dezimalstelle des Dezimalbruchs D von der m^{ten} Dezimalstelle jenes m^{ten} Dezimalbruchs verschieden.

D kommt also wirklich nicht vor in jener Folge von Dezimalbrüchen, die nach der gemachten Annahme eine Abzählung *aller* Elemente der Menge M, d. h. aller reellen Zahlen zwischen 0 und 1, darstellen sollte. Der Dezimalbruch D, der mit $0, \ldots$ beginnt, ist aber selber eine reelle Zahl zwischen 0 und 1 (und das Nämliche gilt von allen anderen Dezimalbrüchen, die im Sinn der Fußnote auf der vorigen Seite gebildet werden können). Die Annahme, daß die Menge M abzählbar sei, muß also notwendigerweise falsch gewesen sein, d. h. wir haben den Satz bewiesen:

Die Menge aller reellen Zahlen zwischen 0 und 1 ist nicht abzählbar.

Bevor wir die Bedeutung dieses Satzes würdigen, seien noch zwei Bemerkungen zu dem geführten Beweise angefügt.

Nach Voraussetzung sollten die reellen Zahlen der Menge M in der Form *unendlicher* Dezimalbrüche dargestellt werden; es ist also ausgeschlossen, daß in einem der Dezimalbrüche $0, a_1 a_2 \ldots$; $0, b_1 b_2 \ldots$ usw. von einer gewissen Stelle an lauter Nullen auftreten, da sonst ein abbrechender Dezimalbruch vorliegen würde. Wäre nun etwa der in dem Beweisverfahren gebildete Dezimalbruch $D = 0, \alpha_1 \beta_2 \gamma_3 \ldots$ abbrechend, so würde sich unsere Schlußfolgerung nicht als bindend erweisen; denn dann könnte D gleich einem der Dezimalbrüche sein, die durch die Abbildung Φ abgezählt worden waren, nämlich gleich einem unendlichen Dezimalbruch mit der Periode 9. Dieser Mangel des angegebenen Beweises läßt sich aber leicht dadurch beseitigen, daß bei der Definition der Ziffern α_1, β_2, γ_3 usw. außer den zwei angegebenen Forderungen noch drittens vorgeschrieben wird, daß diese Ziffern nicht etwa schließlich alle gleich Null gewählt werden dürfen. Dann bleibt immer noch überreichlicher Spielraum zur Bildung all dieser Ziffern, aber es ist ausgeschlossen, daß D ein abbrechender Dezimalbruch wird, und der Beweis ist also lückenlos zwingend

Dieser speziellen Bemerkung werde noch die folgende allgemeinere angeschlossen: Wir erinnern uns des Schemas der

Dezimalbrüche, dessen Beginn auf S. 33 hingeschrieben wurde und das ein nach links und oben abgeschlossenes, nach rechts und unten aber unendliches „Quadrat" von Ziffern darstellt. Bei der Bildung des Dezimalbruches D mußte gerade auf diejenigen Ziffern jenes Schemas geachtet werden, die in der von links oben (a_1) nach rechts unten ziehenden (unbegrenzten) Diagonalen des Schemas gelegen sind; es sind dies die Ziffern a_1, b_2, c_3 usw.; die in dem Dezimalbruch D vorkommenden Ziffern α_1, β_2, γ_3 usw. waren gerade dadurch definiert, daß sie von jenen in der Diagonalen auftretenden Ziffern bezüglich verschieden sein sollten. Man bezeichnet daher dieses Beweisverfahren oder ein ihm im Gedankengang analoges als Diagonalverfahren. Der indirekte Beweis des Diagonalverfahrens kommt in der Mengenlehre öfters vor. Der Leser lasse es sich daher nicht verdrießen, den geführten Nachweis für die Nichtabzählbarkeit der Menge M so lange durchzudenken, bis er ihm völlig geläufig ist und als fast selbstverständlich erscheint und bis er auch deutlich erkennt, wie einfach im Grund der Beweis jenes — wie wir gleich sehen werden — überaus weittragenden Satzes ist. Das so gewonnene Verständnis des Diagonalverfahrens wird bei manchen anderen Beweisen der Mengenlehre, so z. B. bei dem Schlußsatz dieses Paragraphen. die Auffassung komplizierterer Gedankengänge wesentlich erleichtern.

Nun vor allem zur anschaulich-geometrischen Bedeutung des bewiesenen Satzes! Er besagt (vgl. S. 30) zunächst, daß die Menge N aller auf der Zahlengeraden zwischen den Punkten 0 und 1 gelegenen Punkte nicht abzählbar ist. Dabei ist es gleichgültig, ob man einen der Endpunkte 0 und 1 oder auch beide zur Menge N rechnet oder nicht; denn da eine abzählbare Menge auch abzählbar bleibt, wenn man noch endlich viele Elemente zu ihren Elementen hinzufügt oder von ihnen wegnimmt (vgl. S. 19 u. 24), so kann auch umgekehrt eine nichtabzählbare unendliche Menge nicht etwa durch Wegnahme (oder gar durch Hinzufügung) endlich vieler Elemente abzählbar werden.

Die Größe der Einheitsstrecke der Zahlengeraden (d. h. der Strecke von 0 bis 1) war, im Längenmaß genommen, willkürlich (vgl. S. 5), so daß unser Ergebnis für eine *beliebig lange* Strecke gültig bleiben muß. Aber auch ohne diese Überlegung erkennt man leicht die Allgemeinheit des bewiesenen Resultats. Sind nämlich zwei verschieden große Strecken $\overline{AB}$ und $\overline{CD}$ gegeben und betrachtet man die beiden Mengen, die aus allen auf der ersten bzw. auf der zweiten Strecke gelegenen Punkten bestehen, so sind trotz der verschiedenen Länge beider Strecken die zwei Mengen äquivalent. Man zeichne zum Beweis die beiden Strecken $\overline{AB}$ und $\overline{CD}$ (etwa parallel) untereinander (vgl. Abb. 3) und verbinde je zwei Endpunkte durch gerade Linien, die sich in einem Punkte P schneiden. Zieht man dann von P aus weitere Strahlen ganz beliebig, so wird jeder solche Strahl entweder *beide* gegebene Strecken oder *keine* von beiden schneiden. Im ersteren Fall, der für uns hier allein in Betracht kommt, wollen wir die beiden Schnittpunkte aufeinander beziehen, also den Schnittpunkt des Strahls mit der einen Strecke seinem Schnittpunkt mit der anderen Strecke zuordnen und umgekehrt. Denkt man sich alle möglichen solchen Strahlen durch P gezogen, so erhält man offenbar eine umkehrbar eindeutige Zuordnung zwischen allen Punkten der einen Strecke und allen Punkten der anderen; die Endpunkte der Strecken werden dabei bezüglich einander zugeordnet. Die beiden betrachteten Punktmengen sind also äquivalent.

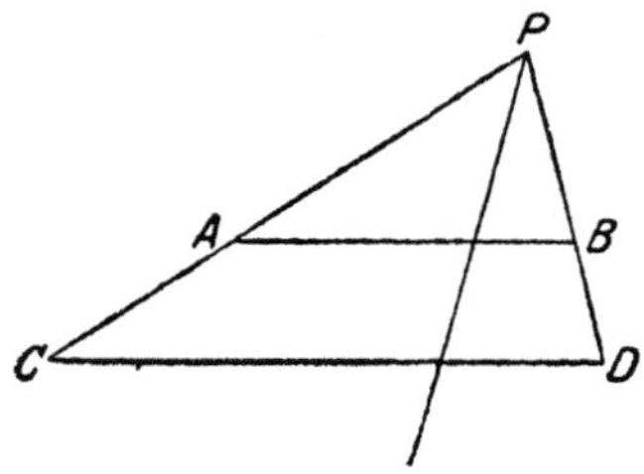

Abb. 3.

Ist demnach eine beliebige gerade Strecke gegeben, so ist die Menge der auf ihr gelegenen Punkte äquivalent der Menge aller Punkte auf der Einheitsstrecke der Zahlengeraden. Sind a und b irgend zwei reelle Zahlen und daher auch irgend zwei Punkte der Zahlengeraden, so ist also die Menge aller Punkte zwischen a und b äquivalent der Menge aller Punkte zwischen 0 und 1; durch Übergang von den Punkten zu den sie bezeichnenden Zahlen schließt man hieraus, daß *die Menge aller reellen Zahlen zwischen 0 und 1 äquivalent ist der Menge aller reellen Zahlen zwischen irgend zwei beliebig gegebenen reellen Zahlen.* Im besonderen folgt daraus:

Die Menge aller Punkte, die auf einer beliebigen, wenn auch noch so kurzen geraden Strecke gelegen sind, ist nicht abzählbar. Die Menge aller reellen Zahlen zwischen irgend zwei gegebenen, sich noch so wenig voneinander unterscheidenden reellen Zahlen ist nicht abzählbar.

Wie merkwürdig dieses Resultat ist, erkennt man, wenn man es mit dem Ergebnis von S. 29 vergleicht. Dort erwies sich die

Menge aller durch algebraische Zahlen bezeichneten Punkte der beiderseits unbegrenzten Zahlengeraden als abzählbar. Jedes Stück der Zahlengeraden zeigte sich aber schon unendlich dicht erfüllt mit Punkten, die durch Brüche bezeichnet sind, um so mehr also mit Punkten, denen algebraische Zahlen entsprechen. Demgegenüber sehen wir jetzt, daß die Menge *aller* Punkte einer noch so winzigen Strecke nicht mehr abzählbar ist. Daraus geht hervor, wie unendlich mal viel dichter eine gerade Linie mit Punkten überhaupt erfüllt ist als mit Punkten, die durch algebraische Zahlen bezeichnet werden, obgleich auch schon die Punkte der letzteren Art überall auf der Geraden unendlich dicht gesät sind.

Dem Ergebnis, daß die Menge aller auf einer beliebig kleinen Strecke gelegenen Punkte nicht abzählbar ist, steht andererseits die folgende, gleichfalls überraschende Tatsache gegenüber:

Die Menge aller Punkte einer beiderseits unbegrenzten geraden Linie ist äquivalent der Menge aller Punkte einer begrenzten, beliebig kleinen Strecke. Daher ist auch die Menge aller reellen Zahlen überhaupt äquivalent der Menge aller reellen Zahlen zwischen 0 und 1 (*oder zwischen irgend zwei anderen reellen Zahlen*).

Die Richtigkeit dieses Satzes läßt sich wiederum auf geometrischem Weg sehr leicht und anschaulich einsehen. Wir denken uns (vgl. Abb. 4) einmal eine unbegrenzte Gerade gezeichnet,

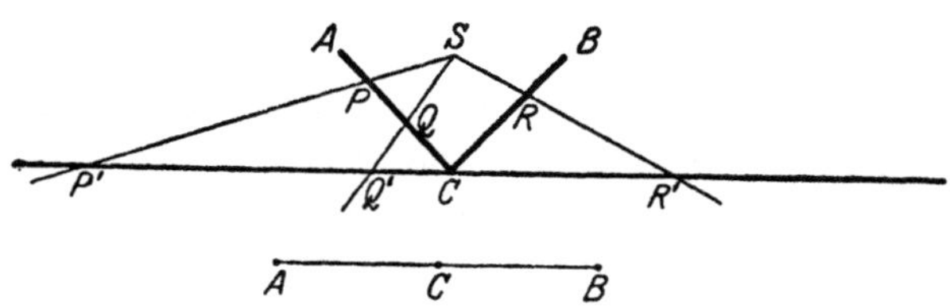

Abb. 4.

dann eine begrenzte Strecke $\overline{AB}$, deren Mittelpunkt mit C bezeichnet werden möge; endlich werde die nämliche (beispielsweise als dünner Draht zu denkende) Strecke $\overline{AB}$ in ihrem Mittelpunkt C geknickt, so daß hier etwa ein rechter Winkel entsteht, und die geknickte Strecke so an die unbegrenzte Gerade angelegt, daß der Punkt C mit einem beliebigen Punkt der Geraden zusammenfällt, während die beiden Hälften $\overline{CA}$ und $\overline{CB}$ nach links oben bzw. rechts oben mit einer Neigung von je 45° gegen die Gerade emporstreben. Schließlich soll die Mitte der (in der Abbildung nicht gezeichneten) Verbindungslinie der Punkte A und B mit S bezeichnet werden; S kommt dann senkrecht über C zu liegen.

Eine umkehrbar eindeutige Zuordnung zwischen den Punkten der geknickten Strecke $\overline{ACB}$ (mit Ausnahme ihrer beiden Endpunkte A und B) und allen Punkten der Geraden erhält man nun einfach auf folgende Weise: ist P ein Punkt der Strecke, so ziehe man die Verbindungslinie $\overline{SP}$, deren Verlängerung die Gerade in einem Punkte P' schneidet; ist Q' ein Punkt der Geraden, so ziehe man die Verbindungslinie $\overline{SQ'}$, die die Strecke in einem Punkte Q schneidet; dann werde festgesetzt, daß die Punkte P und P', ebenso die Punkte Q und Q' einander entsprechen sollen und daß der auf der Geraden und der Strecke gleichzeitig gelegene Punkt C sich selbst entspreche. Hierdurch wird jedem Punkt der Strecke mit Ausnahme ihrer Endpunkte ein einziger Punkt der Geraden, jedem Punkt der Geraden ein einziger Punkt der Strecke umkehrbar eindeutig zugeordnet. Die Menge aller Punkte der Geraden ist also wirklich äquivalent der Menge aller zwischen A und B gelegenen Punkte, wie wir nachweisen wollten.

Endlich noch eine überaus wichtige *arithmetische* Folgerung aus dem Satz von der Nichtabzählbarkeit der Menge M, eine Folgerung, die den ersten großen Triumph CANTORS und der Mengenlehre bedeutet hat! Wie schon auf S. 7 erwähnt, bezeichnet man eine reelle Zahl, die nicht Wurzel einer algebraischen Gleichung ist, als eine *transzendente Zahl*. Der Wissenschaft ist bis heute erst für verhältnismäßig spezielle Klassen von Zahlen der Nachweis gelungen, daß sie transzendent sind, und dieser Nachweis ist keineswegs leicht. Demgegenüber folgt aus dem so einfachen Satze von der Nichtabzählbarkeit unserer Menge M in Verbindung mit früheren Ergebnissen ohne weiteres, daß es *unendlich viele transzendente Zahlen* gibt, ja noch mehr: daß es sozusagen eine „regelmäßige" Eigenschaft einer beliebig gegebenen reellen Zahl ist, transzendent zu sein, während eine algebraische Zahl nur „ausnahmsweise" vorliegt.

Wie wir nämlich auf S. 29 sahen, ist die Menge aller algebraischen Zahlen abzählbar; umsomehr gilt dies von der Menge aller algebraischen Zahlen zwischen 0 und 1 oder zwischen irgend zwei beliebigen Zahlen. Andererseits haben wir nunmehr erkannt, daß die Menge aller reellen Zahlen zwischen 0 und 1 oder zwischen irgend zwei anderen Zahlen nicht abzählbar ist. Nach der

Definition der transzendenten Zahlen ist endlich die Gesamtheit aller reellen Zahlen nichts anderes als die Gesamtheit aller algebraischen *und* aller transzendenten Zahlen.

Wäre nun die Menge aller transzendenten Zahlen zwischen zwei willkürlich gegebenen reellen Zahlen a und b abzählbar oder gar endlich, so könnte man ja eine Abzählung aller *reellen* Zahlen zwischen a und b leicht auf folgende Weise herstellen: man geht aus von einer Abzählung der (gewiß abzählbaren) Menge aller *algebraischen* Zahlen zwischen a und b und läßt der ersten Zahl dieser Abzählung die erste Zahl einer bestimmten Abzählung der *transzendenten* Zahlen zwischen a und b folgen, dann die zweite Zahl der algebraischen Abzählung, darauf die zweite Zahl der transzendenten, sodann die dritte Zahl der algebraischen Abzählung usw. Auf diese Weise würde man eine Abzählung der Menge *aller reellen* Zahlen zwischen a und b erhalten [1]). Da aber diese letztere Menge, wie wir bewiesen haben, nicht abzählbar ist, so muß unsere Annahme über die Abzählbarkeit der Menge aller transzendenten Zahlen zwischen a und b falsch gewesen sein. Wir haben somit den Satz bewiesen:

Die Menge aller transzendenten Zahlen zwischen irgend zwei gegebenen reellen Zahlen ist unendlich und nicht abzählbar; umsomehr gilt das Nämliche von der Menge aller transzendenten Zahlen überhaupt.

Dieser interessante und bestimmte Satz betrifft eine Menge von Zahlen, von denen auch nur eine einzige wirklich zu bestimmen keineswegs ganz leicht ist. Dieser Satz hat denn auch zum ersten Mal die Bedeutung der damals im Beginn ihrer Entwicklung befindlichen Mengenlehre der mathematischen Mitwelt des forschenden CANTOR vernehmlich gekündet.

Wir haben in diesem Paragraphen unendliche Mengen kennen gelernt, die nicht abzählbar sind, d. h. nicht äquivalent sind der Menge der natürlichen Zahlen. Wenn also auf Grund der

---

[1]) Dieser Beweis beruht auf dem nämlichen Gedanken, den wir bereits auf S. 19 zum Nachweis der Abzählbarkeit der Menge aller positiven und negativen ganzen Zahlen benutzt haben. Wie der Leser unmittelbar erkennt, zeigt dieses Verfahren allgemein, daß eine abzählbare Menge auch dann noch abzählbar bleibt, wenn zu ihren Elementen die Elemente einer weiteren abzählbaren Menge hinzugefügt werden.

Beispiele des vorigen Paragraphen die Vermutung entstehen konnte (vgl. S. 24f.), als würden, wie beim rohen Begriff des Unendlichgroßen, so auch bei den unendlichen Mengen sich alle Unterschiede innerhalb des Reiches des Unendlichen verwischen und sich etwa überhaupt *alle* unendlichen Mengen als untereinander äquivalent erweisen, so ist diese Vermutung nunmehr als unzutreffend erwiesen. Man kann vielmehr offenbar die unendlichen Mengen in verschiedene Klassen derart einteilen, daß die Mengen einer und derselben Klasse untereinander äquivalent sind, niemals aber eine Menge einer Klasse äquivalent ist einer Menge einer anderen Klasse.

Wie dem Leser ohne weiteres einleuchtet und hier nicht weiter bewiesen werden soll (vgl. S. 14 o.), sind zwei endliche Mengen dann und nur dann äquivalent, wenn die Anzahl ihrer Elemente gleich ist; nur in diesem Fall können ihre Elemente einander umkehrbar eindeutig zugeordnet werden. Je alle unter einander äquivalenten endlichen Mengen haben demnach etwas Gemeinsames, nämlich *die Anzahl ihrer Elemente* (vgl. § 2, Beispiel 1) und 2), S. 3f.); diese Anzahlen werden durch die endlichen Kardinalzahlen 1, 2, 3 usw. bezeichnet (auch 0 als Kardinalzahl der Nullmenge gehört hierzu).

Entsprechend führt man nun auch für das Gemeinsame, was allen untereinander äquivalenten *unendlichen* Mengen jeweils eigentümlich ist, eine Bezeichnung ein, und zwar spricht man auch hier von der Kardinalzahl oder auch von der Mächtigkeit unendlicher Mengen; wir werden diese beiden Ausdrücke gleichmäßig verwenden. Zum Unterschied von den endlichen Kardinalzahlen soll die Kardinalzahl einer unendlichen Menge nötigenfalls selbst als eine unendliche oder transfinite Kardinalzahl bezeichnet werden. Die Ausdrucksweise „zwei unendliche Mengen besitzen die gleiche Kardinalzahl oder Mächtigkeit“ besagt also nichts anderes als „die zwei Mengen sind äquivalent“; „die Mächtigkeiten zweier Mengen sind verschieden“ ist nur eine andere Ausdrucksweise für „die beiden Mengen sind nicht äquivalent“.

Man erkennt, daß der Begriff der Mächtigkeit eine naturgemäße, aber weittragende Verallgemeinerung des Begriffs der (endlichen) Anzahl ist; die Mächtigkeit einer Menge gibt gewissermaßen an, „wieviele“ Elemente die Menge enthält. Aber in scharfem Gegensatz zu der naiven Auffassung brauchen wir uns nunmehr nicht mit der trivialen Aussage zu begnügen, eine gegebene unendliche Menge enthalte „unendlich viele“ Elemente; sicherlich enthält z. B. die Menge aller natürlichen Zahlen ebenso wie die Menge aller reellen Zahlen unendlich viele Elemente, aber die Mächtigkeit der einen Menge ist, wie wir gesehen haben, verschieden von der Mächtigkeit der anderen. Andererseits liegen freilich bei den unendlichen Mengen nicht etwa wie bei den endlichen Mengen die Verhältnisse so einfach, daß die Mächtigkeit einer Menge schon dann verschieden ist von der einer anderen, wenn z. B. die erstere Menge „mehr“ Elemente enthält als die letztere; wie wir auf S. 19 erkannten, besitzt z. B. die Menge *aller* natürlichen Zahlen die nämliche Mächtigkeit wie die Menge aller *geraden* natürlichen Zahlen. Dies liegt wesentlich daran, daß zwar nicht im Bereich der endlichen, wohl aber in dem der unendlichen Mengen eine Menge sehr wohl einer echten Teilmenge von sich selbst äquivalent sein kann — eine Eigentümlichkeit, die sich, wie wir gesehen haben (S. 15), geradezu zur *Definition* des Begriffs der unendlichen Menge benutzen läßt.

Wir wollen im folgenden, wie vielfach üblich, unendliche Kardinalzahlen regelmäßig mit kleinen deutschen Lettern bezeichnen (Mengen dagegen wie schon bisher mit großen lateinischen Lettern). Doch sei schon hier erwähnt, daß nach dem Vorgang von Cantor die unendlichen Kardinalzahlen auch — und grundsätzlich sogar in erster Linie — durch hebräische Lettern bezeichnet werden, nämlich durch ein $\aleph$ („Alef“, d. i. der erste Buchstabe des hebräischen Alphabets) mit kleinen, rechts unten angebrachten kleinen Nummern (sogenannten Indizes): $\aleph_0$, $\aleph_1$, $\aleph_2$ (gelesen: Alef-Null, Alef-Eins, Alef-Zwei) usw.; welche Bewandtnis es mit dieser Bezeichnung hat und weshalb wir sie vorerst nicht verwenden, darauf wird noch in den §§ 11 und 12 (S. 120 u. 148) zurückzukommen sein. Im besonderen bezeichnen wir die Mächtigkeit jeder abzählbaren Menge stets mit $\mathfrak{a}$, während die Mächtigkeit der Menge aller reellen Zahlen (und jeder zu ihr äquivalenten Menge) mit $\mathfrak{c}$ bezeichnet wird. Da demnach die — schlechthin als „Kontinuum“ bezeichnete — Menge aller Punkte einer „kontinuierlichen“ Strecke oder einer „kontinuierlichen“ geraden Linie die Mächtigkeit $\mathfrak{c}$ besitzt, nennt man $\mathfrak{c}$ kurz die *Mächtigkeit des Kontinuums.*

Wir haben bisher nur zwei verschiedene unendliche Kardinalzahlen, nämlich $\mathfrak{a}$ und $\mathfrak{c}$, kennen gelernt. Zum Abschluß dieses

Paragraphen möge noch eine unendliche Menge betrachtet werden, deren Mächtigkeit sowohl von $\mathfrak{a}$ wie von $\mathfrak{c}$ verschieden ist.

Unter einer (*eindeutigen*) *Funktion* $y = f(x)$ versteht man in der Mathematik ein Abhängigkeitsverhältnis folgender Art: x sei eine veränderliche Größe, die alle Zahlenwerte eines gewissen Zahlenbereichs annehmen kann; wir wollen der Einfachheit halber als Bereich denjenigen aller reellen Zahlen zwischen 0 und 1 (beide Grenzen eingeschlossen) wählen, so daß also x alle Zahlenwerte zwischen 0 und 1 durchläuft. Zu jedem einzelnen solchen Wert von x soll nun ein jeweils ganz beliebiger, aber ein für allemal bestimmter und im folgenden gleichfalls als reell angenommener Zahlenwert y gegeben sein, etwa durch eine mathematische Formel, eine willkürliche Vorschrift oder sonstwie; während x alle Werte des Bereichs durchläuft, wird daher auch y innerhalb eines gewissen Bereiches reeller Zahlen veränderlich sein, doch brauchen dabei für verschiedene Werte von x nicht auch die zugehörigen Werte von y ihrerseits verschieden zu sein. Um eine solche Abhängigkeit zwischen zwei veränderlichen Größen x und y zu kennzeichnen, nennt man y eine Funktion von x. Das Abhängigkeits- oder Funktionsverhältnis tritt auch schon in der Schreibweise deutlich hervor, wenn wir $f(x)$ statt y schreiben; ist also z. B. für jede reelle Zahl x zwischen 0 und 1 als zugehöriger y-Wert die reelle Zahl $x^2 + 3x$ vorgeschrieben, so deutet man dies an durch die Schreibweise $f(x) = x^2 + 3x$; für den speziellen Wert $x = 4$ ergibt sich demnach $f(4) = 16 + 12 = 28$. Bekannte Beispiele derartiger Funktionen sind z. B. der Gang des Luftdrucks (Barometerstandes) an einem Orte oder die (eigentlich durch fortwährende Messungen zu bestimmende) Fieberkurve eines Kranken; die Veränderliche x ist in beiden Fällen die Zeit, als Funktion $f(x)$ der Zeit wird im ersten Beispiel der Luftdruck, im zweiten die Körpertemperatur bestimmt. Im folgenden werden wir unter x und $f(x)$ nicht benannte Größen wie Zeit, Temperatur usw., sondern der Einfachheit halber reine Zahlen verstehen.

Wir betrachten nun die Menge *aller überhaupt denkbaren* Funktionen $f(x)$ von x, wenn x alle Zahlenwerte zwischen 0 und 1 durchläuft. Jedes Element unserer Menge ist also eine gewisse Funktion $f(x)$, und zwei Funktionen sind natürlich verschieden, sobald die Vorschriften, durch die den Werten x gewisse Werte

$f(x)$ zugeordnet werden, nicht restlos identisch sind; gibt es also auch nur einen einzigen Zahlenwert x zwischen 0 und 1, zu dem zwei verschiedene Werte $f(x)$ vorgeschrieben sind, so liegen schon zwei verschiedene Funktionen vor. Unser Ziel ist, zu zeigen, daß die Menge aller Funktionen $f(x)$ so umfassend ist, daß sie auch nicht die Mächtigkeit $\mathfrak{c}$ besitzt. Zu diesem Zwecke läßt sich wieder die indirekte Methode des Diagonalverfahrens verwenden; wir nehmen an, es gäbe irgendeine umkehrbar eindeutige Zuordnung zwischen den Funktionen unserer Menge und den reellen Zahlen zwischen 0 und 1, und weisen dann ausdrücklich eine Funktion unserer Menge nach, die in jener Zuordnung nicht vorkommt, der also keine reelle Zahl gegenübersteht. Damit wird der gewünschte Nachweis dafür erbracht sein, daß die Mächtigkeit unserer Menge von $\mathfrak{c}$ (und übrigens, wie man leicht einsieht, umsomehr auch von $\mathfrak{a}$) verschieden ist.

Es werde also zunächst angenommen, daß wirklich die Abbildung der Menge aller Funktionen $f(x)$ auf die Menge aller reellen Zahlen zwischen 0 und 1 möglich und daß irgendeine völlig beliebige, aber von nun an festgehaltene derartige Abbildung gegeben sei. Um diese Abbildung recht deutlich zu machen, wollen wir für die reellen Zahlen zwischen 0 und 1 die Bezeichung z einführen und diejenige Funktion $f(x)$ unserer Menge, die vermöge der gegebenen Abbildung einer bestimmten Zahl z zugeordnet ist, anschaulich durch $f_z(x)$ bezeichnen. Hiernach wäre also z. B. $f_{\frac{1}{2}}(x)$ diejenige Funktion von x, die bei unserer Abbildung der Zahl $\frac{1}{2}$ entspricht.

Es werde nun eine Funktion $F(x)$ nach folgender Vorschrift gebildet: für jeden bestimmten Zahlenwert x' zwischen 0 und 1 soll $F(x')$ denjenigen Wert besitzen, den die Funktion $f_{x'}(x)$ (d. h. die Funktion $f_z(x)$, für die z gerade den Wert x' besitzt) für den speziellen Zahlenwert $x = x'$ annimmt. Um diese etwas abstrakte Festsetzung deutlicher zu machen, betrachten wir ein Beispiel: Die Funktion $F(x)$ ist völlig bestimmt, wenn ihr Zahlenwert für jeden Wert von x zwischen 0 und 1 bekannt ist. Dieser Wert ist nach der obigen Regel für jeden Wert von x, beispielsweise für den Wert $x = \frac{1}{2}$, folgendermaßen zu bestimmen: die der reellen Zahl $\frac{1}{2}$ durch unsere vorausgesetzte Abbildung zugeordnete Funktion unserer Funktionenmenge sei etwa $y = x^2$, also $f_{\frac{1}{2}}(x) = x^2$; für $x = \frac{1}{2}$ hat diese Funktion den Wert $(\frac{1}{2})^2 = \frac{1}{4}$, also $f_{\frac{1}{2}}(\frac{1}{2}) = \frac{1}{4}$; dies soll nach Definition gerade der Wert der Funktion $F(x)$ für $x = \frac{1}{2}$ sein, also $F(\frac{1}{2}) = \frac{1}{4}$. Genau entsprechend bestimmt sich der Wert von $F(x)$ für jeden anderen Zahlenwert von x.

Endlich sei eine Funktion $G(x)$, wiederum für alle Werte von x zwischen 0 und 1, durch die einzige Bestimmung definiert, daß $G(x)$ für jeden Wert von x stets von dem zugehörigen Wert von $F(x)$ verschieden sein solle; im übrigen kann $G(x)$ beliebig sein. Man kann also derartige Funktionen $G(x)$ in mannigfachster Weise bilden. Um eine bestimmte und einfache Vorstellung zu gewinnen, setzen wir beispielsweise $G(x) = F(x) + 1$.

Wir werden nun sehen: $G(x)$ kommt unter den Funktionen, die durch unsere Abbildung den reellen Zahlen zwischen 0 und 1 zugeordnet wurden, überhaupt nicht vor. Ist dies gezeigt, so ist unser Ziel erreicht; denn $G(x)$ ist ja für jeden Zahlenwert zwischen 0 und 1 definiert, also eine Funktion unserer Funktionenmenge, und müßte daher nach der gemachten Annahme irgendeiner Zahl zwischen 0 und 1 zugeordnet sein.

Angenommen, $G(x)$ wäre einer reellen Zahl zwischen 0 und 1, etwa der (beliebigen, aber von nun an festen) Zahl ξ, durch unsere Abbildung zugeordnet, so daß $G(x)$ auch durch die Schreibweise $G(x) = f_\xi(x)$ zu bezeichnen wäre. Diese Annahme kann nicht richtig sein; $G(x)$ ist nämlich mindestens für den speziellen Zahlenwert $x = \xi$ verschieden von $f_\xi(x)$. Denn nach der Definition von $F(x)$ sollte $F(x)$ für $x = \xi$ den nämlichen Zahlenwert haben, wie $f_\xi(x)$ für $x = \xi$. Der Wert von $G(x) = F(x) + 1$ ist aber für jeden Wert von x, also auch für $x = \xi$, um die Zahl 1 größer als der zugehörige Wert von $F(x)$. $G(x)$ ist also für $x = \xi$ verschieden von $f_\xi(x)$, d. h. die Funktionen $G(x)$ und $f_\xi(x)$ sind gewiß nicht identisch; oder anders ausgedrückt: $G(x)$ ist vermöge unserer Abbildung der reellen Zahl ξ keinesfalls zugeordnet, entg gen der gemachten Annahme. Da ξ beliebig war, so haben wir in $G(x)$ eine Funktion gefunden, der bei unserer Abbildung *keine* reelle Zahl gegenübersteht. Unsere Annahme war also falsch; wir haben somit wirklich den folgenden Satz bewiesen:

Die Mächtigkeit der Menge aller eindeutigen Funktionen $f(x)$ (x veränderlich zwischen 0 und 1) *ist verschieden von der Mächtigkeit des Kontinuums (und erst recht von der Mächtigkeit* $\mathfrak{a}$). Man pflegt die Mächtigkeit dieser Funktionenmenge mit $\mathfrak{f}$ zu bezeichnen.

Es sei nochmals hervorgehoben, daß wir bei dieser Betrachtung den Begriff der Funktion in dem ganz allgemeinen, auf S. 43 gekennzeichneten Sinn gefaßt haben. Für den mit dem Begriff der *stetigen Funktion* vertrauten Leser wird demgegenüber die Tatsache von Interesse sein, daß die Menge aller *stetigen* Funktionen einer reellen Veränderlichen nur die Mächtigkeit des Kontinuums besitzt, daß also eine stetige Funktion gewissermaßen nur einen speziellen Ausnahmefall gegenüber einer ganz allgemeinen eindeutigen reellen Funktion einer reellen Veränderlichen darstellt; auf den Beweis dieser Tatsache soll nicht eingegangen werden.

Der Leser, der den Gang des geführten Beweises aufmerksam verfolgt, wird erkennen, daß er auf dem Diagonalverfahren beruht und dem Gedankengang des auf S. 32ff. geführten Beweises für die Nichtabzählbarkeit des Kontinuums völlig analog verläuft.

§ 6. Die Größenordnung der Kardinalzahlen.

Den endlichen Kardinalzahlen oder Anzahlen 1, 2, 3, .. reihen sich in der Mengenlehre die unendlichen Kardinalzahlen an, von denen wir in den zwei vorangehenden Paragraphen drei verschiedene kennen gelernt haben, nämlich $\mathfrak{a}$, $\mathfrak{c}$ und $\mathfrak{f}$. Die Entscheidung, welche von zwei *endlichen* Kardinalzahlen die kleinere und welche die größere ist, ist dem Leser wohlvertraut; man kann sie, wie man leicht einsieht, folgendermaßen formulieren: Sind M und N zwei endliche Mengen und ist M äquivalent einer *echten* Teilmenge von N, so ist die Kardinalzahl von M kleiner als die Kardinalzahl von N.

Unser nächstes Ziel soll nun sein, auch die *unendlichen* Kardinalzahlen ihrer Größe nach anzuordnen. Wir überzeugen uns hier sogleich, daß es unmöglich ist, die eben angeführte Regel auch zur Definition der Größenordnung unendlicher Kardinalzahlen zu verwenden. Denn ist z. B. M die Menge der natürlichen Zahlen, N die Menge aller Brüche, so ist M eine echte Teilmenge von N; da M sich selber äquivalent ist, ist M äquivalent einer echten Teilmenge von N; dennoch ist die Kardinalzahl von M nicht kleiner als die von N, da ja beide Mengen abzählbar, ihre Kardinalzahlen also gleich sind. Diese Abweichung von den bei endlichen Mengen gewohnten Verhältnissen liegt wiederum daran, daß eben eine unendliche Menge sehr wohl einer echten Teilmenge von sich äquivalent sein kann.

Zu einer brauchbaren Anordnung der unendlichen Kardinalzahlen gelangen wir dagegen, wenn wir die oben für die endlichen Kardinalzahlen festgelegte Regel ausbauen zu der folgenden

Definition: Ist die Menge M äquivalent einer Teilmenge der Menge N, während N keiner Teilmenge von M äquivalent ist, so nennt man die Kardinalzahl $\mathfrak{m}$ von M k l e i n e r als die Kardinalzahl $\mathfrak{n}$ von N, also $\mathfrak{n}$ g r ö ß e r als $\mathfrak{m}$. Mit den auch sonst üblichen Zeichen schreibt man hierfür $\mathfrak{m} < \mathfrak{n}$ oder gleichbedeutend $\mathfrak{n} > \mathfrak{m}$.

Diese Definition, bei der es einer Unterscheidung zwischen echten und unechten Teilmengen nicht mehr bedarf, ist offenbar eine vernünftige und zweckmäßige Festsetzung. Denn sind die in ihr enthaltenen Voraussetzungen für $\mathfrak{m} < \mathfrak{n}$ erfüllt, so kann nicht $\mathfrak{m} = \mathfrak{n}$, d. h. nicht $M \sim N$ sein; nach der zweiten Voraussetzung gibt es nämlich im Falle $\mathfrak{m} < \mathfrak{n}$ keine Teilmenge von M, der N äquivalent wäre, während im Falle $\mathfrak{m} = \mathfrak{n}$ sicherlich N einer Teilmenge von M äquivalent ist, z. B. der Menge M selber. Ebenso überzeugt sich der Leser mittels einfacher Überlegung, daß nach der obigen Definition von den Kardinalzahlen zweier nichtäquivalenter Mengen die eine nicht etwa gleichzeitig kleiner *und* größer sein kann als die andere, und weiter, daß unter drei Kardinalzahlen $\mathfrak{m}$, $\mathfrak{n}$ und $\mathfrak{p}$, von denen $\mathfrak{m}$ kleiner als $\mathfrak{n}$, $\mathfrak{n}$ kleiner als $\mathfrak{p}$ (oder gleich $\mathfrak{p}$) ist, $\mathfrak{m}$ auch kleiner ist als $\mathfrak{p}$. Endlich leuchtet ein, daß bei der Ver leichung der Kardinalzahlen zweier Mengen jede der letzteren ohne weiteres durch eine äquivalente Menge ersetzt werden darf. Dagegen ist vorläufig noch die Frage offen, ob von zwei verschiedenen Kardinalzahlen stets eine kleiner ist als die andere oder ob sie vielleicht unvergleichbar sein können. Wir kommen hierauf noch ausführlicher zurück (S. 50ff.).

Wir benutzen die obige Definition, der auch die gewöhnliche Anordnung der *endlichen* Kardinalzahlen entspricht, vor allem zur Feststellung der Größenordnung der Mächtigkeiten $\mathfrak{a}$, $\mathfrak{c}$ und $\mathfrak{f}$. Es sei also zunächst M die Menge der natürlichen Zahlen, N die Menge aller reellen Zahlen, so daß $\mathfrak{a}$ die Mächtigkeit von M, $\mathfrak{c}$ diejenige von N ist. Da M eine Teilmenge von N darstellt, ist M sicherlich äquivalent einer Teilmenge von N. Andererseits ist nach S. 24 jede Teilmenge von M entweder endlich oder doch abzählbar, so daß gewiß N keiner Teilmenge von M äquivalent sein kann (was übrigens auch unmittelbar aus dem Beweis der Nichtabzählbarkeit des Kontinuums (S. 32ff.) hätte geschlossen werden können). Daher ist $\mathfrak{a} < \mathfrak{c}$.

Ebenso ist $\mathfrak{c} < \mathfrak{f}$. Denn verstehen wir jetzt unter M die Menge aller reellen Zahlen zwischen 0 und 1, unter N die zu Ende des vorigen Paragraphen betrachtete Menge aller eindeutigen reellen Funktionen $f(x)$ (x veränderlich zwischen 0 und 1), so ist zunächst M äquivalent einer Teilmenge N' von N. Wir können nämlich N' wählen als die Menge aller jener ganz speziellen („konstanten") Funktionen $f(x)$, die jeweils für alle Werte x einen und den nämlichen, irgendwie zwischen 0 und 1 gelegenen Wert besitzen, und ordnen dann jeder bestimmten Zahl z (zwischen 0 und 1) die Funktion $f(x) = z$ zu, d. h. diejenige Funktion, die für alle Werte von x den nämlichen festen Wert z besitzt. Diese Abbildung zwischen M und N' zeigt, daß $M \sim N'$. Um andererseits einzusehen, daß N keiner Teilmenge von M äquivalent ist, erinnern wir uns des am Schluß des vorigen Paragraphen geführten Beweises. Wir nahmen dort an, es gebe eine Abbildung zwischen den Mengen M und N, und zeigten dann, daß diese Annahme nicht zutreffen könne, da bei jeder solchen Abbildung immer Funktionen von N übrig bleiben würden, denen keine Zahl von M zugeordnet wäre. Wenn aber N einer Teilmenge von M äquivalent wäre, so müßte ja eine Abbildung möglich sein, bei der *jeder* Funktion von N eine reelle Zahl aus M (oder sogar aus einer echten Teilmenge von M) umkehrbar eindeutig entspricht. Es kann also keine zu N äquivalente Teilmenge von M geben; die Mächtigkeit von M ist demnach wirklich kleiner als die von N, wie gezeigt werden sollte.

Der Leser überzeugt sich an Hand der Definition ohne weiteres, daß *die Kardinalzahl jeder endlichen Menge, d. h. jede endliche Anzahl, kleiner ist als* $\mathfrak{a}$. Ferner gilt der folgende wichtige Satz:

Die Kardinalzahl $\mathfrak{a}$ *der abzählbaren Mengen ist die kleinste unendliche Kardinalzahl.*

Denn wie auf S. 18 gezeigt wurde, besitzt jede unendliche Menge eine abzählbare Teilmenge; jede Teilmenge einer abzählbaren Menge ist andererseits nach S. 24 selbst entweder endlich oder abzählbar. Eine gegebene unendliche Menge, die nicht selbst abzählbar ist, besitzt demnach eine zur Menge der natürlichen Zahlen äquivalente Teilmenge, ohne selbst einer Teilmenge der Menge der natürlichen Zahlen äquivalent zu sein. Daher ist nach der Definition der Größenordnung die Kardinalzahl einer beliebig gegebenen unendlichen Menge entweder größer als $\mathfrak{a}$ oder gleich $\mathfrak{a}$, wie gezeigt werden sollte.

Aus den beiden letzten Resultaten erhält man noch das folgende Ergebnis:

Jede endliche Kardinalzahl ist kleiner als jede unendliche Kardinalzahl.

Die sich weiter erhebende Frage, ob $\mathfrak{c}$ die nächstgrößere Kardinalzahl nach $\mathfrak{a}$ ist oder ob es eine zwischen $\mathfrak{a}$ und $\mathfrak{c}$ gelegene unendliche Kardinalzahl gibt, ist trotz erheblicher Bemühungen der Mathematiker noch ungelöst. Man bezeichnet diese Frage als das *Kontinuumproblem.* Ebensowenig ist bekannt, ob zwischen $\mathfrak{c}$ und $\mathfrak{f}$ eine weitere Kardinalzahl existiert.

Wohl hat dagegen CANTOR die weitere Frage entschieden, ob es noch eine größere Mächtigkeit als $\mathfrak{f}$ gibt. Es gilt nämlich der Satz:

Zu jeder beliebigen Menge läßt sich eine Menge von größerer Mächtigkeit angeben. Es gibt also keine größte Mächtigkeit; die mit $\mathfrak{a}$ *beginnende Reihe der unendlichen Mächtigkeiten ist nach oben hin unbegrenzt.*

Es sei nämlich M eine beliebige endliche oder unendliche Menge. Dann können wir die Menge aller verschiedenen Teilmengen von

M bilden; wir wollen sie mit $\mathfrak{U}M$ oder auch kurz mit U bezeichnen. Jedes Element von $\mathfrak{U}M$ ist also eine Teilmenge von M, und umgekehrt ist jede Teilmenge von M (M selber sowie die Nullmenge eingeschlossen) ein Element von $\mathfrak{U}M$. Es soll mittels eines (von HESSENBERG[1]) stammenden) indirekten Beweises, und zwar wiederum auf Grund des Diagonalverfahrens (vgl. S. 36), gezeigt werden, daß die Mächtigkeit von U größer ist als diejenige von M.

Wir nehmen zunächst an, es sei $U \sim M$. Um dann eine bestimmte Abbildung zwischen M und U schon in der Schreibweise hervortreten zu lassen, bezeichnen wir die Elemente von M mit m_1, m_2, m_3 usw., diejenigen von U (also die Teilmengen von M) mit u_1, u_2, u_3 usw., und zwar sollen diese Bezeichnungen derart gewählt sein, daß vermöge der nach Voraussetzung existierenden Abbildung m_1 und u_1, m_2 und u_2, m_3 und u_3 usw. bezüglich einander zugeordnete Elemente sind. Dagegen soll durch diese Bezeichnung keineswegs ausgedrückt werden, daß die Mengen M und U etwa abzählbar sein müßten. Es kann nun wiederum ein Element von U, d. h. eine Teilmenge von M, direkt angegeben werden, dem bei der fraglichen Abbildung kein Element von M entspricht; hierdurch wird dann die Annahme, es sei $M \sim U$, als falsch erwiesen sein.

Betrachten wir irgend zwei nach unserer Abbildung einander entsprechende Elemente, z. B. m_1 und u_1, so sind zwei Fälle möglich: die Teilmenge u_1 von M enthält entweder m_1 als Element oder sie enthält m_1 nicht. Wir können daher die Elemente $m_1, m_2, \ldots$ von M in zwei Klassen einteilen: jedes Element der ersten Klasse ist jeweils in dem ihm vermöge unserer Abbildung entsprechenden Element von U (das eine Teilmenge von M ist) selbst als Element enthalten; jedes Element der zweiten Klasse ist in dem entsprechenden Element von U nicht enthalten. Sicherlich gibt es Elemente in beiden Klassen; in der ersten Klasse kommt z. B. das Element von M vor, das der Menge M selbst zugeordnet ist, in der zweiten Klasse aber z. B. das Element von M, das der Nullmenge entspricht. Wir betrachten sämtliche Elemente der zweiten Klasse und bezeichnen die durch ihre Gesamtheit gebildete Menge mit u'; u' ist eine Menge gewisser Elemente von M, also eine Teilmenge von M oder ein Element von U. Es soll gezeigt werden, daß dem Element u' von U auf Grund unserer Abbildung überhaupt kein Element von M entspricht.

Angenommen nämlich, dem Element u' von U entspreche das Element m' von M; dann gehört m' entweder zur ersten oder zur zweiten der im vorigen Absatz gekennzeichneten Klassen. Gehört m' zur ersten Klasse, so besagt dies: m' ist ein Element von u'; u' enthält aber nach Voraussetzung nur Elemente der zweiten Klasse und keines der ersten, kann also m' nicht enthalten. Daher könnte m' nur zur zweiten Klasse gehören, so daß das Element m' in der ihm zugeordneten Teilmenge u'

[1]) Vgl. die auf S. 155 angeführte Schrift HESSENBERGS, S. 41f.

nicht enthalten wäre. Nach der Definition enthält aber u' *alle* Elemente der zweiten Klasse, es müßte also auch m' in u' vorkommen; dieser Widerspruch zeigt, daß m' auch nicht der zweiten Klasse angehören kann, d. h. daß es überhaupt kein Element m' in M gibt, dem das Element u' von U vermöge unserer Abbildung entspricht. Die Mächtigkeiten der Mengen M und U sind also sicherlich voneinander verschieden.

Endlich ist klar, daß die Mächtigkeit von M *kleiner* ist als diejenige von U. Zum Nachweis dessen ist zunächst eine Teilmenge von U anzugeben, der M äquivalent ist; eine solche erhalten wir einfach durch Zusammenfassung aller derjenigen Elemente von U — d. h. aller derjenigen Teilmengen von M —, die nur je ein einziges Element von M enthalten; ist $\{a\}$ irgendeine derartige Teilmenge von M und ordnen wir ihr das (begrifflich scharf von der Menge $\{a\}$ zu trennende) Element a von M zu und umgekehrt, so ist damit eine Abbildung zwischen M und einer Teilmenge von U gegeben. Andererseits geht aus dem Gang des eben durchgeführten Beweises hervor (vgl. S. 47/48), daß U keiner Teilmenge von M äquivalent sein kann. Damit ist der Beweis unserer Behauptung vollendet, die wir nunmehr schärfer so aussprechen können:

Ist M eine beliebige Menge, so besitzt die Menge $\mathfrak{U}M$ aller Teilmengen von M stets eine größere Mächtigkeit als M.

Liegt also irgendeine Menge M vor, z. B. eine Menge M von der Mächtigkeit $\mathfrak{f}$, so erhalten wir in $\mathfrak{U}M = U$ eine Menge von einer Mächtigkeit $\mathfrak{g} > \mathfrak{f}$, in $\mathfrak{U}U$ wiederum eine Menge von einer Mächtigkeit $\mathfrak{h} > \mathfrak{g}$ und so endlos weiter. Die hierin sich bekundende Tatsache, daß es unendlich viele verschiedene Mächtigkeiten gibt, ist namentlich aus folgender Erwägung heraus außerordentlich bedeutsam: Für die naive Vorstellung gibt es nur *ein* „Unendlichgroßes", innerhalb dessen Bereiches weitere Größenunterschiede nicht mehr scharf abgegrenzt werden können. Demgegenüber hat sich hier zunächst erwiesen, daß es *verschiedene* unendliche Kardinalzahlen gibt. Unser letztes Ergebnis zeigt aber sogar, daß es *unendlich viele voneinander scharf unterscheidbare* unendliche Kardinalzahlen gibt, daß also in dem Reich derjenigen „unendlich großen Zahlen", die wir in den unendlichen Kardinalzahlen kennen gelernt haben, eine mindestens ebenso große (in Wirklichkeit sogar sehr viel größere) Mannigfaltigkeit herrscht als im Bereich der gewöhnlichen endlichen Kardinalzahlen.

Eine grundsätzliche Frage in bezug auf die Größenordnung der Mächtigkeiten ist bisher noch unerledigt geblieben. Sind $\mathfrak{m}$ und $\mathfrak{n}$ irgend zwei Mächtigkeiten, so fragt es sich, ob ebenso wie bei den endlichen Anzahlen stets einer der drei (sich ausschließenden) Fälle: $\mathfrak{m} = \mathfrak{n}$, $\mathfrak{m} < \mathfrak{n}$, $\mathfrak{m} > \mathfrak{n}$ vorliegt oder ob es noch weitere

Möglichkeiten gibt, d. h. ob es vielleicht vorkommen kann, daß zwei verschiedene Mächtigkeiten unvergleichbar sind, so daß keine von ihnen kleiner ist als die andere.

Um der Beantwortung dieser Frage näherzukommen, wollen wir, ausgehend von unserer Definition der Größenordnung, sämtliche möglichen Vergleichsbeziehungen zwischen zwei gegebenen Mengen M und N durchdenken. Es kann zunächst Teilmengen von M geben, die zu N äquivalent sind, und *gleichzeitig* Teilmengen von N, die zu M äquivalent sind (*erster Fall*); ferner kann es Teilmengen von M geben, die zu N äquivalent sind, während keine zu M äquivalente Teilmenge von N existiert (*zweiter Fall*); weiter kann umgekehrt die Existenz einer zu N äquivalenten Teilmenge von M ausgeschlossen sein, während es Teilmengen von N gibt, die zu M äquivalent sind (*dritter Fall*); endlich kann es sein, daß weder eine zu N äquivalente Teilmenge von M noch eine zu M äquivalente Teilmenge von N existiert (*vierter Fall*). Diese vier Fälle bilden offenbar eine sogenannte logische Disjunktion, d. h. sie erschöpfen, einander gegenseitig ausschließend, alle überhaupt denkbaren Möglichkeiten.

Von den aufgezählten Fällen haben wir uns jetzt nur mehr mit dem ersten und dem vierten näher zu beschäftigen. Denn nach unserer Definition der Größenordnung der Mächtigkeiten besagt ja der zweite Fall einfach, daß N eine kleinere Mächtigkeit besitzt als M, während im dritten Fall die Mächtigkeit von M kleiner ist als die von N. Über den ersten Fall gibt der von CANTOR schon frühzeitig vermutete *Äquivalenzsatz* Auskunft; er besagt:

Ist M einer Teilmenge von N und gleichzeitig N einer Teilmenge von M äquivalent, so sind die Mengen M und N selbst einander äquivalent, ihre Mächtigkeiten also gleich.

Um zu einem Beweis des Äquivalenzsatzes zu gelangen, gehen wir aus von den Begriffen der Vereinigungsmenge und des Durchschnitts von Mengen; ersterer wird im nächsten Paragraphen noch eine eingehendere Behandlung erfahren.

Sind zunächst N und P irgend zwei Mengen, so versteht man unter ihrer Vereinigungsmenge die Menge aller Elemente, die mindestens in *einer* der beiden Mengen enthalten sind, unter ihrem Durchschnitt die Menge aller Elemente, die in beiden Mengen *gleichzeitig* vorkommen. Man bezeichnet die Vereinigungsmenge mit $\mathfrak{S}(N, P)$ oder auch, da es sich gewissermaßen um die Summe der Elemente von N und derjenigen von P handelt, mit $N + P$, den Durchschnitt dagegen mit $\mathfrak{D}(N, P)$.

Sind nicht nur zwei Mengen, sondern ist eine beliebige (endliche oder unendliche) *Menge* $M = \{N, P, R, \ldots\}$ gegeben, deren Elemente $N, P, R, \ldots$ selbst lauter Mengen sind, so versteht man entsprechend unter der *Vereinigungsmenge* $\mathfrak{S}M = \mathfrak{S}(N, P, R, \ldots) = N + P + R + \cdots$ diejenige Menge, welche alle Elemente umfaßt, die mindestens in *einer* der Mengen $N, P, \ldots$ vorkommen; der *Durchschnitt* $\mathfrak{D}M = \mathfrak{D}(N, P, R, \ldots)$ dagegen ist die Menge aller derjenigen Elemente, die gleichzeitig in *allen* Mengen $N, P, \ldots$ enthalten sind[1]). Die Vereinigungsmenge entspricht dem logischen „entweder — oder", der Durchschnitt dem logischen „sowohl — als auch". Ist z. B. $M_1 = \{1, 2, 3, \ldots\}$, $M_2 = \{2, 3, 4, \ldots\}$, $M_3 = \{3, 4, 5, \ldots\}$ usw. und bedeutet $M = \{M_1, M_2, M_3, \ldots\}$ die abzählbare Menge all dieser (selbst sämtlich abzählbaren) Mengen, so ist die Vereinigungsmenge $\mathfrak{S}M$ offenbar gleich $\{1, 2, 3, \ldots\}$ (also gleich M_1), dagegen der Durchschnitt $\mathfrak{D}M$ gleich der Nullmenge (S. 13); denn es gibt keine, wenn auch noch so große, natürliche Zahl, die gleichzeitig in *allen* Mengen $M_1, M_2, M_3, \ldots$ vorkommt.

Es genüge hier ohne nähere Ausführung der dem Leser unmittelbar einleuchtende Hinweis, daß es bei der Bildung von Vereinigungsmenge und Durchschnitt weder auf die Reihenfolge, in der dabei die Mengen von M herangezogen werden, noch auf eine Zerlegung der Aufgabe in einzelne Teilschritte (vermittels Zusammenfassung gewisser Mengen untereinander durch Klammern) ankommen kann.

Nach dieser Vorbereitung gehen wir aus von zwei gegebenen Mengen M und N, von denen M einer echten Teilmenge N_1 von N, N einer echten Teilmenge M_1 von M äquivalent ist[2]). Der Äquivalenzsatz besagt, daß M und N selbst einander äquivalent sind. Ist Φ eine Abbildung zwischen N und M_1, so wird die echte Teilmenge N_1 von N durch Φ von selbst auf eine echte Teilmenge M_2 von M_1 abgebildet; es ist also $N_1 \sim M_2$. Da M_1 eine echte Teilmenge von M ist, so ist auch M_2 eine echte Teilmenge von M. Andererseits folgt aus $M \sim N_1$ und $N_1 \sim M_2$, daß die Menge M mit ihrer echten Teilmenge M_2 äquivalent ist.

Der Äquivalenzsatz wird bewiesen sein, wenn gezeigt ist: $M \sim M_1$; denn wegen $M_1 \sim N$ folgt dann auch $M \sim N$. Es kommt also nur darauf an, die folgende, an sich sehr einleuchtende Tatsache nachzuweisen: *Ist die Menge M äquivalent mit ihrer echten Teilmenge M_2, so ist sie auch äquivalent mit jeder Menge M_1 „zwischen M und M_2", d. h. mit jeder echten Teilmenge M_1 von M, die ihrerseits M_2 als echte Teilmenge enthält.*

Zwecks einfacherer Schreibweise bezeichnen wir von nun an die Menge M_2 mit A, ferner die Menge aller in M_2 nicht vorkommenden Elemente von M_1 mit B, endlich die Menge aller in M_1 nicht vorkommenden Elemente von M mit C. Unter Benutzung des Begriffs der Vereinigungsmenge können wir dann statt M_1 auch $A + B$, statt M auch $A + B + C$ schreiben. Unser

---

[1]) Wir beschränken uns übrigens im folgenden auf den Fall, daß alle Mengen $N, P, R, \ldots$ Teilmengen einer und derselben Menge sind.

[2]) Ist N_1 mit N oder M_1 mit M identisch, so besagt dies schon, daß der Äquivalenzsatz in diesen Fällen zutrifft. Man kann sich also auf die Betrachtung *echter* Teilmengen N_1 und M_1 beschränken.

Ziel ist, aus der nach Voraussetzung geltenden Äquivalenz $A + B + C \sim A$ die weitere Beziehung $A + B + C \sim A + B$ zu folgern. Wir verfahren zu diesem Zweck, ohne die anschaulich einleuchtenden Partien des Gedankenganges bis ins einzelne zu zergliedern, auf die folgende Weise:

Es sei Ψ eine Abbildung zwischen den äquivalenten Mengen $A + B + C$ und A. Wenden wir diese Abbildung auf die drei Teilmengen A, B, C der Menge $A + B + C$ an, so wird A auf eine äquivalente Menge A_1, B auf eine äquivalente B_1, C auf eine äquivalente C_1 abgebildet; A_1, B_1 und C_1 sind Teilmengen von A, die übrigens kein (auch nur zweien von ihnen) gemeinsames Element enthalten, und stellen zusammengenommen die Menge A dar, so daß gilt: $A_1 + B_1 + C_1 = A$. Weiter wenden wir die Abbildung Ψ_1, die die Menge A der Menge A_1 zuordnet[1]), auf die Teilmengen A_1, B_1, C_1 von A an; dabei werde A_1 auf die äquivalente Menge A_2, B_1 auf die äquivalente B_2, C_1 auf die äquivalente C_2 abgebildet; dann sind A_2, B_2 und C_2 gewisse Teilmengen von A_1, die paarweise keine gemeinsamen Elemente aufweisen und zusammen die Menge A_1 darstellen, es ist also $A_2 + B_2 + C_2 = A_1$. Wird ebenso die zwischen A_1 und A_2 bestehende Abbildung Ψ_2 nunmehr auf die Teilmengen A_2, B_2, C_2 von A_1 angewandt, so möge A_2 auf die äquivalente Menge A_3, B_2 auf die äquivalente B_3, C_2 auf die äquivalente C_3 abgebildet werden; A_3, B_3 und C_3 sind Teilmengen von A_2 ohne gemeinsame Elemente, und es ist $A_3 + B_3 + C_3 = A_2$. Da $A \sim A_1 \sim A_2 \sim A_3 \cdots$, so können und wollen wir uns dieses Verfahren *unbegrenzt* fortgesetzt denken; wir veranschaulichen uns seine ersten Schritte durch Abb. 5. Ferner verzeichnen wir noch die aus der Definition der Mengen C_1, C_2 usw. folgenden Äquivalenzen: $C \sim C_1 \sim C_2 \sim C_3 \cdots$.

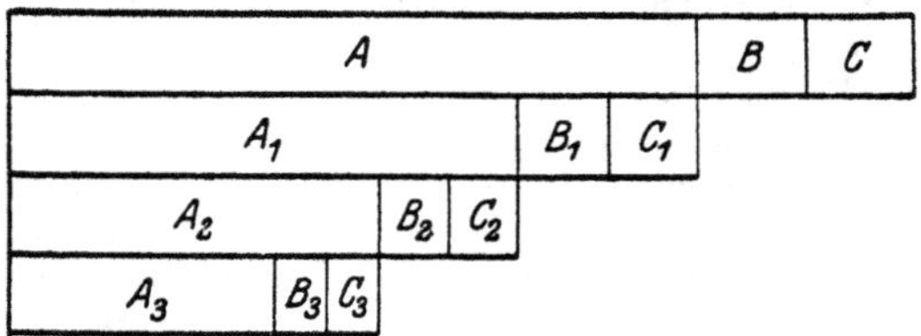

Abb. 5.

Wir führen endlich eine letzte Menge ein. Es kann sein, daß sich in der Menge A Elemente befinden, die gleichzeitig *allen* Mengen A, A_1, A_2, ... angehören (von denen ja jede eine echte Teilmenge der vorangehenden ist); gleichviel ob solche Elemente vorhanden sind oder nicht, wollen wir den Durchschnitt all dieser Mengen mit D bezeichnen, so daß D die Nullmenge ist, falls keine gemeinsamen Elemente existieren. Dann läßt sich offenbar (vgl. Abb. 5) die ursprünglich gegebene Menge $A + B + C$ auffassen als die Vereinigungsmenge der Menge D und der unendlich vielen Mengen C, B, C_1, B_1, C_2, B_2, ..., unter denen keine (D eingeschlossen) mit einer anderen ein Element gemeinsam hat. Andererseits können wir

[1]) Die Zuordnungsvorschrift Ψ_1, die die Abbildung zwischen A und A_1 vermittelt, ist übrigens offenbar ein Teil der Zuordnungsvorschrift Ψ zwischen $A + B + C$ und A; ebenso ist die Abbildung Ψ_2 ein Teil von Ψ_1 usw.

ebenso die Menge $A + B$ betrachten als die Vereinigungsmenge der Menge D und der unendlich vielen Mengen $B, C_1, B_1, C_2, B_2, C_3, \ldots$ oder, was bis auf die (für die Bildung der Vereinigungsmenge gleichgültige) Reihenfolge das nämliche ist, als die Vereinigungsmenge der unendlich vielen Mengen $D, C_1, B, C_2, B_1, C_3, B_2$ usw. Unser Ziel, nämlich der Nachweis der Äquivalenz zwischen $A + B + C$ und $A + B$, ist erreicht, wenn wir eine Abbildung zwischen diesen beiden Mengen herstellen können.

Um eine solche Abbildung zu ermöglichen, genügt es offenbar, zunächst die Mengen $D, C, B, C_1, B_1, \ldots$ und $D, C_1, B, C_2, B_1, \ldots$, als deren Vereinigungsmengen wir $A + B + C$ und $A + B$ auffassen gelernt haben, einander paarweise in umkehrbar eindeutiger Weise zuzuordnen und dann eine Abbildung zwischen je zwei solchen einander zugeordneten Mengen herzustellen. Der Inbegriff all dieser unendlich vielen Abbildungsvorschriften wird dann eine Abbildung zwischen den beiden Mengen $A + B + C$ und $A + B$ darstellen, wesentlich deshalb, weil jedes Element von $A + B + C$ einer und *nur einer einzigen* der Mengen $D, C, B, C_1, B_1, \ldots$ angehört; daher können wir nämlich immer die für die betreffende eindeutig bestimmte Menge zuständige Abbildung wählen. Jene paarweise Zuordnung von Mengen wollen wir nun entsprechend folgendem Schema vornehmen:

$$\begin{array}{rccccccccc} A+B+C: & D & C & B & C_1 & B_1 & C_2 & B_2 & C_3 & B_3 \ldots \\ & \updownarrow & \updownarrow & \updownarrow & \updownarrow & \updownarrow & \updownarrow & \updownarrow & \updownarrow & \updownarrow \\ A+B: & D & C_1 & B & C_2 & B_1 & C_3 & B_2 & C_4 & B_3 \ldots \end{array}$$

Es soll also jede der Mengen $D, B, B_1, B_2, \ldots$ sich selbst, von den Mengen C, C_1, C_2 usw. dagegen der Bestandteil C von $A + B + C$ dem Bestandteil C_1 von $A + B$, der Bestandteil C_1 von $A + B + C$ dem Bestandteil C_2 von $A + B$ usw. zugeordnet werden. Die Möglichkeit der Abbildung zwischen je zwei in dieser Weise einander zugeordneten Mengen ist nun für die Mengen $D, B, B_1, \ldots$ trivial, da hier nur jedes einzelne Element sich selbst zugeordnet zu werden braucht; für die Mengen $C, C_1, \ldots$ folgt die Möglichkeit der paarweisen Abbildung aus den oben (S. 53) hergeleiteten Äquivalenzen $C \sim C_1 \sim C_2 \cdots$. Eine Abbildung zwischen den Mengen $A + B + C$ und $A + B$, d. h. zwischen M und M_1, ist also hergestellt, der Äquivalenzsatz somit bewiesen.

Der vorgeführte Gedankengang folgt dem ersten von *F. Bernstein* stammenden Beweis des Äquivalenzsatzes (zuerst veröffentlicht in *E. Borels* Leçons sur la théorie des fonctions, Paris 1898, S. 103ff.). Er macht wesentlichen Gebrauch von der Reihe der natürlichen Zahlen, wie sie in der abgezählten Menge $\{C, B, C_1, B_1, C_2, B_2, \ldots\}$ verhüllt auftritt. Von *E. Zermelo* (Mathem. Annalen, Bd. 65 [1908], S. 271f.) und anderen stammen Beweise des Äquivalenzsatzes, die ein Zurückgreifen auf die Reihe der natürlichen Zahlen und ihre Eigenschaften zu vermeiden suchen, freilich dafür wesentlich abstrakteren Charakter besitzen.

Es erübrigt endlich noch den vierten der auf S. 51 angeführten Fälle zu betrachten, der dem Leser schon bei kurzer Überlegung als recht paradox erscheinen wird. Denn daß von zwei gegebenen

Mengen keine eine Teilmenge aufweisen sollte, die zur anderen Menge äquivalent ist, würde die *Unvergleichbarkeit* der beiden Mengen und damit auch ihrer Kardinalzahlen bedeuten und unseren sonstigen Vorstellungen von Zahlen als vergleichbaren Größen scharf widersprechen. Es hat eines erst in neuerer Zeit bewiesenen Satzes, des auf S. 125 ff. zu besprechenden Wohlordnungssatzes, bedurft, um den strengen Nachweis zu führen, daß dieser vierte Fall überhaupt nicht vorkommen kann (vgl. S. 128). Nehmen wir dieses Ergebnis hier vorweg, so gelangen wir zu dem abschließenden und einfachen Resultat:

Sind M und N irgend zwei Mengen, so sind entweder M und N äquivalent oder M besitzt eine kleinere Mächtigkeit als N oder eine größere Mächtigkeit als N. Von zwei verschiedenen Mächtigkeiten ist also stets eine kleiner als die andere.

§ 7. Die Addition und Multiplikation der Kardinalzahlen.

Wir haben in den letzten Paragraphen „unendlichgroße Zahlen", nämlich unendliche Kardinalzahlen, wirklich kennengelernt und sie ihrer Größe nach miteinander verglichen. Wir wollen nun untersuchen, ob und wie man mit den unendlichen Kardinalzahlen auch *rechnen* kann; es wird sich zeigen, daß die aus der gewöhnlichen Arithmetik bekannten Operationen der Addition, der Multiplikation und der Potenzierung sich in naturgemäßer Verallgemeinerung auf die unendlichen Kardinalzahlen übertragen lassen und auch hier völlig bestimmte Ergebnisse liefern. Dabei bleiben sogar die in der gewöhnlichen Arithmetik für diese Rechnungsarten gültigen Regeln[1]) auch für die unendlichen Kardinalzahlen bestehen. Die Umkehrung der genannten Operationen, also die Rechnungsarten der Subtraktion, der Division, des Wurzelziehens und des Logarithmierens, sind dagegen im Bereich der unendlichen Kardinalzahlen nicht ausführbar, insofern als sie hier, wie wir sehen werden, im allgemeinen nicht zu eindeutigen Ergebnissen führen.

Diese Tatsache, daß eine vernünftige Subtraktion oder Division für unendliche Kardinalzahlen nicht definiert werden kann, ist ebensowenig verwunderlich wie beispielsweise der Umstand, daß für gewisse später (in den §§ 9 und 11) noch einzuführende

---

[1]) Solche Regeln sind z. B. $a + b = b + a$, $a \cdot (b \cdot c) = (a \cdot b) \cdot c$, $a \cdot (b + c) = a \cdot b + a \cdot c$.

Gattungen unendlicher Größen auch manche Gesetze der Addition und der Multiplikation (wie z. B. der Satz $a + b = b + a$) nicht gültig bleiben. Denn wenn der Bereich der in der Mathematik verwendeten Zahlen in so grundsätzlicher Weise und in so weitem Umfang ausgedehnt wird, wie dies durch die Einführung der CANTORschen unendlichen Größen geschieht, so ist keineswegs zu erwarten, daß die neuen „Zahlen" sich genau den nämlichen Gesetzen fügen wie die alten; vielmehr ist in der Mathematik wie auch sonst jede Verallgemeinerung eines Begriffs mit der Aufgabe eines Teiles der Eigenschaften des ursprünglichen engeren Begriffs verbunden. So ist es vielmehr eine merkwürdige, von vornherein keineswegs zu erwartende Tatsache, daß für die im folgenden definierten Operationen der Addition und Multiplikation unendlicher Kardinalzahlen sich die gewöhnlichen Regeln der Addition und Multiplikation als unverändert gültig erweisen.

Als Vorbereitung zur Definition der Addition und Multiplikation von *Kardinalzahlen* erklären wir die Addition und Multiplikation von *Mengen* (erstere wurde schon auf S. 51/52 kurz eingeführt). Wir beginnen mit folgender

Definition 1. Unter der Summe zweier Mengen M und N versteht man die Menge S, welche alle Elemente enthält, die in M oder in N (d. h. mindestens in *einer* der beiden Mengen) vorkommen. Man nennt S die Vereinigungsmenge der Mengen M und N und schreibt wie in der gewöhnlichen Arithmetik: $S = M + N$.

Zu dieser Definition ist folgendes zu bemerken: Es kann vorkommen, daß ein und dasselbe Element in beiden Mengen M und N gleichzeitig enthalten ist. Für diesen Fall besagt die Definition 1 natürlich, daß das betreffende Element auch in der Vereinigungsmenge nur einmal, nicht etwa zweimal, auftritt.

Die angeführte Definition der Vereinigungsmenge würde genügen, wenn wir uns im Bereich des Endlichen befänden; denn mittels ihrer läßt sich der Reihe nach die Vereinigungsmenge von drei, vier, ..., allgemein von endlich vielen Mengen bilden. Da wir aber jetzt im Reich des Unendlichen operieren wollen, werden wir uns damit nicht begnügen, sondern auch unendlich viele Mengen zu addieren versuchen. Man geht zu diesem Zweck folgendermaßen vor: Wir denken uns die zu addierenden Mengen $M_1, M_2, M_3, \ldots$ als Elemente einer Menge M gegeben. Dabei soll die Schreibweise M_1, M_2 usw. nur der bequemen Bezeichnung dienen, nicht aber etwa fordern, daß M abzählbar sei; die Menge M, deren Elemente lauter Mengen sind, kann vielmehr beliebige Mächtigkeit besitzen. Wir setzen dann fest:

Definition 2. Es sei eine Menge von Mengen gegeben: $M = \{M_1, M_2, M_3, \ldots\}$, wobei sowohl die Mächtigkeit von M wie die Mächtigkeiten der einzelnen Mengen M_1, M_2 usw. beliebig sein können. Dann versteht man unter der Vereinigungsmenge der Mengen $M_1, M_2, \ldots$ die Menge S, welche aus all denjenigen Elementen besteht, die *mindestens einer* der Mengen $M_1, M_2, \ldots$ angehören. Man schreibt: $S = \mathfrak{S}M = M_1 + M_2 + M_3 + \cdots$.

Auch hier ist ein Element, das in mehreren der Mengen M_1, M_2 usw. gleichzeitig vorkommt, in die Vereinigungsmenge natürlich nur *einmal* aufzunehmen.

Beispiel: Wir betrachten auf der Zahlengeraden die Strecken von 0 bis 1, von 1 bis 2, von 2 bis 3 usw., ferner die Strecken von -1 bis 0, von -2 bis -1, von -3 bis -2 usw. Die Mengen der Punkte einer jeden dieser Strecken (unter Einschluß des jeweils linken, d. h. durch die kleinere Zahl bezeichneten Endpunkts, oder auch jeweils beider Endpunkte) sollen mit M_0, M_1, M_2 usw., ferner M_{-1}, M_{-2}, M_{-3} usw. bezeichnet werden. Diese unendlich vielen Punktmengen seien die Elemente von M. Dann wird die Vereinigungsmenge $\mathfrak{S}M$ durch die Menge *aller* Punkte der (beiderseits unbegrenzten) Zahlengeraden dargestellt.

Der Definition der Addition von *Mächtigkeiten* ist jetzt noch eine Bemerkung vorauszuschicken: Es seien M und N zwei verschiedene, aber äquivalente Mengen von Mengen, etwa

$$M = \{M_1, M_2, M_3, \ldots\} \text{ und } N = \{N_1, N_2, N_3, \ldots\};$$

wiederum soll durch die Bezeichnung nicht etwa Abzählbarkeit zum Ausdruck gebracht, wohl aber angedeutet werden, welche Elemente der äquivalenten Mengen M und N nach Wahl einer bestimmten Abbildung einander entsprechen, nämlich bezüglich die Mengen M_1 und N_1, M_2 und N_2 usw. Wir wollen ferner annehmen, daß je zwei hiernach einander entsprechende Elemente von M und N *äquivalente* Mengen seien, daß also die Beziehungen gelten: $M_1 \sim N_1$, $M_2 \sim N_2$, $M_3 \sim N_3$ usw. Es entsteht die Frage, ob unter diesen Bedingungen auch die Vereinigungsmengen $\mathfrak{S}M$ und $\mathfrak{S}N$ einander äquivalent sind.

Dies ist sicher nicht allgemein der Fall, wie ein Beispiel sofort zeigt. Ist z. B. $M_1 = \{1, 2, 3\}$, $M_2 = \{4, 5\}$, $N_1 = \{6, 7, 8\}$, $N_2 = \{8, 9\}$, so sind M_1 und N_1 als Mengen von je drei Elementen einander äquivalent, und das Nämliche gilt von den Mengen M_2 und N_2, die je zwei Elemente enthalten. Dennoch sind die Vereinigungsmengen

$$M_1 + M_2 = \{1, 2, 3, 4, 5\} \text{ und } N_1 + N_2 = \{6, 7, 8, 9\}$$

einander *nicht* äquivalent, da erstere fünf Elemente, letztere aber nur vier umfaßt.

Dies hat indes im vorliegenden Fall, wie der aufmerksame Leser schon erkannt haben wird, seinen Grund darin, daß die Mengen N_1 und N_2 ein *gemeinsames* Element (8) aufweisen, die Mengen M_1 und M_2 aber nicht. Dagegen läßt sich (und zwar auch für den vorher angeführten allgemeinen Fall) die aufgeworfene Frage, ob die Vereinigungsmengen $\mathfrak{S}M$ und $\mathfrak{S}N$ äquivalent sind, unter der Bedingung bejahen, daß die in M auftretenden Mengen $M_1, M_2, \ldots$ paarweise elementefremd sind, d. h. daß kein Element in zweien dieser Mengen *gleichzeitig* vorkommt, und daß das Nämliche für alle in N auftretenden Mengen $N_1, N_2, \ldots$ gilt. Ist nämlich unter dieser Bedingung Φ_1 eine bestimmte Abbildung zwischen den äquivalenten Mengen M_1 und N_1, Φ_2 eine Abbildung zwischen M_2 und N_2, Φ_3 eine Abbildung zwischen M_3 und N_3 usw., so können wir eine Abbildung Φ zwischen den Vereinigungsmengen $\mathfrak{S}M$ und $\mathfrak{S}N$ folgendermaßen herstellen: Φ ordnet die zu M_1 gehörigen Elemente von $\mathfrak{S}M$ den ihnen vermöge der Abbildung Φ_1 entsprechenden Elementen von N_1 zu, die ja gleichzeitig auch in $\mathfrak{S}N$ vorkommen; ebenso ordnet Φ die zu M_2 gehörigen Elemente von $\mathfrak{S}M$ den ihnen vermöge Φ_2 entsprechenden Elementen von N_2 (und $\mathfrak{S}N$) zu; entsprechend wird die Abbildung Φ für *alle* Elemente von $\mathfrak{S}M$ und $\mathfrak{S}N$ definiert. Da jedes Element von $\mathfrak{S}M$ einer und nur einer der Mengen M_1, M_2 usw. angehört (infolge der vorausgesetzten Eigenschaft dieser Mengen, paarweise elementefremd zu sein), und da das Entsprechende für jedes Element von $\mathfrak{S}N$ gilt, so wird durch die soeben angegebene Vorschrift in völlig bestimmter Weise eine umkehrbar eindeutige Zuordnung Φ zwischen den Elementen der Mengen $\mathfrak{S}M$ und $\mathfrak{S}N$ hergestellt; diese beiden Vereinigungsmengen sind also wirklich äquivalent.

Hiermit ist die Möglichkeit geschaffen, die Addition von *Mächtigkeiten* zu erklären. Um nämlich zunächst zwei Mächtigkeiten, etwa $\mathfrak{m}_1$ und $\mathfrak{m}_2$, zu addieren, denken wir uns eine beliebige Menge M_1 von der Mächtigkeit $\mathfrak{m}_1$ und eine beliebige zu M_1 elementefremde Menge M_2 von der Mächtigkeit $\mathfrak{m}_2$. Als die Summe der Mächtigkeiten $\mathfrak{m}_1$ und $\mathfrak{m}_2$ wird dann folgerichtig die Mächtigkeit der Vereinigungsmenge $M_1 + M_2$ zu erklären sein. Diese Festsetzung hat freilich nur dann überhaupt einen vernünftigen Sinn, wenn hiernach das Ergebnis der Addition davon unabhängig ist, welche Mengen M_1 und M_2 als Vertreterinnen der Mächtigkeiten $\mathfrak{m}_1$ und $\mathfrak{m}_2$ im besonderen Fall gerade gewählt wurden. Die Betrachtung des letzten Absatzes zeigt, daß diese Unabhängigkeit wirklich vorhanden ist. Denn werden an die Stelle von M_1 und M_2 zwei andere, gleichfalls elementefremde Mengen N_1 und N_2 von den nämlichen Mächtigkeiten $\mathfrak{m}_1$ und $\mathfrak{m}_2$ gesetzt, so ist nach dem Ergebnis des vorigen Absatzes die Vereinigungsmenge $N_1 + N_2$ äquivalent der Menge $M_1 + M_2$, d. h. die Addition der Mächtigkeiten $\mathfrak{m}_1$ und $\mathfrak{m}_2$ ergibt bei der nunmehrigen Ausführung das gleiche Ergebnis wie vorher.

Ohne diese Erklärung der Addition zweier Mächtigkeiten besonders zu formulieren, wollen wir die Addition von Mächtigkeiten gleich für den allgemeinsten (in Def. 2 auf S. 57 für *Mengen* ins Auge gefaßten) Fall definieren, in dem die zu addierenden Mächtigkeiten in beliebiger endlicher oder unendlicher Zahl vorliegen. Es werde also erklärt:

Definition 3. Es sei eine beliebige endliche oder unendliche Menge von Kardinalzahlen $M = \{\mathfrak{m}_1, \mathfrak{m}_2, \mathfrak{m}_3, \ldots\}$ gegeben[1]), die nicht etwa abzählbar zu sein braucht. Um die Summe aller Kardinalzahlen der Menge M zu bilden, ist folgendermaßen zu verfahren: Man wähle eine beliebige Menge M_1 von der Kardinalzahl $\mathfrak{m}_1$, eine beliebige zu M_1 elementefremde Menge M_2 von der Kardinalzahl $\mathfrak{m}_2$ usw., allgemein zu jeder in M enthaltenen Kardinalzahl eine Menge von eben dieser Kardinalzahl, und zwar derart, daß die gewählten Mengen sämtlich paarweise elementefremd sind. Man bilde die Vereinigungsmenge $S = M_1 + M_2 + M_3 + \cdots$; ihre

[1]) Für den Fall, daß unter diesen Kardinalzahlen *gleiche* vorkommen sollten, können wir sie uns, um der auf S. 8 u. getroffenen Verabredung zu genügen, formal in der Schreibweise voneinander unterschieden denken.

Kardinalzahl sei $\mathfrak{s}$. Dann wird $\mathfrak{s}$ als die Summe aller Kardinalzahlen der Menge M bezeichnet; man schreibt:

$$\mathfrak{s} = \mathfrak{m}_1 + \mathfrak{m}_2 + \mathfrak{m}_3 + \cdots.$$

Man erkennt genau wie bei der Addition *zweier* Kardinalzahlen, daß auch das Ergebnis dieser Addition unabhängig davon ist, *welche* Mengen M_1, M_2 usw. als Vertreterinnen der Mächtigkeiten $\mathfrak{m}_1$, $\mathfrak{m}_2$ usw. im besonderen Fall gewählt wurden.

Beispiel: Es sei die Menge $M = \{1, 2, 3, 4, \ldots\}$ gegeben, also die Menge aller endlichen Kardinalzahlen (ausschl. 0). Wählen wir $M_1 = \{a_1\}$, $M_2 = \{a_2, a_3\}$, $M_3 = \{a_4, a_5, a_6\}$ usw., wobei die Elemente a_1, a_2, a_3 usw. sämtlich untereinander verschieden sind, im übrigen aber völlig beliebig sein können, so besitzt M_1 die Kardinalzahl 1, M_2 die Kardinalzahl 2, M_3 die Kardinalzahl 3 usw. Es ergibt sich als Summe der Mengen M_1, M_2 usw.:

$$S = M_1 + M_2 + M_3 + \cdots = \{a_1, a_2, a_3, a_4, a_5, a_6, \ldots\},$$

d. h. S ist eine *abzählbare* unendliche Menge. Daher ist:

$$1 + 2 + 3 + 4 + \cdots = \mathfrak{a}.$$

Der Leser beachte, daß auf diese Weise die Addition unendlich vieler natürlicher Zahlen möglich ist, die in der gewöhnlichen Arithmetik keinerlei Sinn hat.

Bevor wir jetzt weitere Beispiele für die Addition von Kardinalzahlen anführen, sei noch darauf hingewiesen, daß die zwei Grundregeln der gewöhnlichen Addition, nämlich

$$m + n = n + m \quad \text{und} \quad m + n + p = m + (n + p) = (m + n) + p,$$

entsprechend auch für die Addition endlich oder unendlich vieler (Mengen oder) Kardinalzahlen gelten. Das Bestehen der ersten Regel — also der beliebigen Vertauschbarkeit der Reihenfolge der Summanden in einer Summe von endlich oder unendlich vielen Gliedern — liegt daran, daß es bei der Bildung der Vereinigungsmenge auf die Reihenfolge ja überhaupt nicht ankommt. Auch die zweite Regel, die die Gleichgültigkeit irgendwelcher Zusammenfassungen der Summanden bei der Addition ausdrückt, ist aus der Definition der Addition ohne Schwierigkeit herzuleiten, was dem Leser überlassen bleiben mag.

Wir wenden nunmehr die Definition der Addition von Mächtigkeiten auf einige Beispiele an.

Nach S. 19 wird die Eigenschaft einer unendlichen Menge, abzählbar zu sein, nicht dadurch geändert, daß zu ihren Elementen noch endlich viele weitere Elemente hinzugefügt werden. Dies besagt:

$$e + \mathfrak{a} = \mathfrak{a} + e = \mathfrak{a},$$

falls e irgendeine *endliche* Kardinalzahl bedeutet.

Man kann dieses Ergebnis auch folgendermaßen herleiten. Aus $M = \{1\}$, $N = \{2, 3, 4, 5, \ldots\}$ folgt $M + N = \{1, 2, 3, 4, \ldots\}$ oder, da M die Kardinalzahl 1, N aber ebenso wie $M + N$ die Kardinalzahl $\mathfrak{a}$ besitzt:

$$1 + \mathfrak{a} = \mathfrak{a} + 1 = \mathfrak{a}.$$

Daher ist:

$$\mathfrak{a} + 2 = \mathfrak{a} + (1 + 1) = (\mathfrak{a} + 1) + 1 = \mathfrak{a} + 1 = \mathfrak{a},$$
$$\mathfrak{a} + 3 = (\mathfrak{a} + 2) + 1 = \mathfrak{a} + 1 = \mathfrak{a} \text{ usw.},$$

also für jede endliche Zahl e: $\mathfrak{a} + e = \mathfrak{a}$.

Da für $M = \{1, 3, 5, 7, \ldots\}$, $N = \{2, 4, 6, 8, \ldots\}$ sich ergibt: $M + N = \{1, 2, 3, 4, \ldots\}$, und da alle drei Mengen M, N, $M + N$ abzählbar sind, so folgt:

$$\mathfrak{a} + \mathfrak{a} = \mathfrak{a}.$$

Ebenso ist daher auch $\mathfrak{a} + \mathfrak{a} + \cdots + \mathfrak{a} = \mathfrak{a}$, wo $\mathfrak{a}$ endlich oft als Summand gesetzt gedacht ist.

Da nach dem Satze von S. 37 sowohl die Menge aller Punkte zwischen den Punkten 0 und 1 der Zahlengeraden wie auch die Menge aller Punkte zwischen den Punkten 1 und 2 die Mächtigkeit $\mathfrak{c}$ besitzt, das Nämliche aber auch gilt von der Menge aller Punkte zwischen 0 und 2, so besteht ferner die Beziehung

$$\mathfrak{c} + \mathfrak{c} = \mathfrak{c}$$

und daher für endlich viele Summanden: $\mathfrak{c} + \mathfrak{c} + \cdots + \mathfrak{c} = \mathfrak{c}$.

Wir betrachten schließlich die Menge M, die aus allen reellen Zahlen zwischen 0 und 1 und noch dazu allen natürlichen Zahlen besteht; die Mächtigkeit von M ist offenbar $\mathfrak{c} + \mathfrak{a}$. Wir können diese Mächtigkeit auch auf anderem Wege bestimmen, indem wir nämlich M mit der Menge N vergleichen, die *alle* reellen Zahlen umfaßt und also nach S. 38 die Mächtigkeit $\mathfrak{c}$ besitzt. M ist eine Teilmenge von N, also gewiß äquivalent einer Teilmenge von N; da andererseits N äquivalent ist der Menge aller reellen Zahlen zwischen 0 und 1, ist auch umgekehrt N äquivalent einer Teilmenge von M. Nach dem Äquivalenzsatz (S. 51) sind daher M und N äquivalent, d. h. auch M besitzt die Mächtigkeit $\mathfrak{c}$; es ist also:

$$\mathfrak{c} + \mathfrak{a} = \mathfrak{c}.$$

Wir wollen jetzt zur *Multiplikation* von Mengen und Mächtigkeiten übergehen.

Definition 4. Zwei beliebige Mengen M und N seien gegeben [1]) Um das Produkt von M und N herzustellen, bilden wir alle verschiedenen Elementepaare (m, n) [2]), deren einer Bestandteil m alle Elemente von M durchläuft, während für den anderen Bestandteil n alle Elemente von N eingesetzt werden sollen. Die Menge P, deren Elemente alle verschiedenen derartigen Elementepaare sind, wird das Produkt oder die Verbindungsmenge der Mengen M und N genannt; man schreibt $P = M \cdot N$.

Über die Natur der hier eingeführten Elementepaare ist folgendes zu bemerken: Zwei Elementepaare (m, n) und (m_1, n_1) gelten nur dann als gleich, wenn sie erstens in den einzelnen Bestandteilen übereinstimmen (also $m = m_1$, $n = n_1$ ist) und zweitens die gleichen Bestandteile beidemal auch der nämlichen Menge (M bzw. N) entnommen sind, also nicht etwa m ein Element von M und m_1 ein Element von N darstellt. Diese Festsetzung ist selbstverständlich, wenn die Mengen M und N elementefremd sind, erfordert dagegen genaue Beachtung, falls M und N gemeinsame Elemente enthalten. Ist z. B. $M = \{1, 2, 3\}$, $N = \{1, 2\}$, so ist das Paar $(1, 2)$, in dem 1 ein Element von M und 2 ein Element von N ist, verschieden von dem Paar $(2, 1)$, in dem 2 aus M, 1 aus N entnommen ist. Man *kann* in solchen Fällen, um Verwechselungen ein für allemal auszuschließen, die Zugehörigkeit eines Elements zu einer bestimmten Menge durch die *Reihenfolge* der Elemente innerhalb des Paars andeuten, also z. B. verabreden, daß in dem Paar (m, n) stets das erste Element m aus M, das zweite Element n aus N stammt. Dann hat man natürlich auf die Reihenfolge der Elemente innerhalb eines Paars scharf zu achten und die Paare (m, n) und (n, m) als voneinander verschieden zu betrachten. Diese Verabredung ist aber nicht *notwendig.* Man kann statt dessen z. B. unterhalb jedes Elements in jedem Elementepaar (gewissermaßen als Index) die Menge notieren oder sich n tiert denken, der das Element entnommen ist; dann braucht man auf die Reihenfolge der

---

[1]) Hier und im Nächstfolgenden mag zur Erleichterung des Lesers die Nullmenge außer acht bleiben. Läßt man auch die Nullmenge für eine der Mengen M und N zu, so ergibt sich bei folgerichtiger Anwendung der Definition, daß die Multiplikation einer beliebigen Menge mit der Nullmenge wiederum die Nullmenge als Verbindungsmenge ergibt und daß auch die Umkehrung dieser Aussage gilt. Hiervon Gebrauch zu machen wird sich uns aber keine Veranlassung bieten.

[2]) Diese Elementepaare lassen sich natürlich auch ihrerseits wiederum als Mengen auffassen. Da es aber hierauf nicht ankommt, sollen zur Kennzeichnung der Elementepaare (und der alsbald einzuführenden Komplexe von mehr als zwei Elementen) runde Klammern (statt geschweifter wie bei Mengen) verwendet werden.

Elemente im Paar in keiner Weise mehr zu achten, sondern hat zwei Elementepaare dann und nur dann als gleich zu betrachten, wenn sie die nämlichen Elemente aus den nämlichen Mengen in irgendwelcher Reihenfolge enthalten. — Sind die Mengen M und N elementefremd, so fallen diese Erwägungen und jede Beachtung der Reihenfolge im Elementepaar ohnehin fort.

Weshalb man das Produkt zweier Mengen auf die oben angeführte Weise definiert, wird an einem Beispiel sofort klar. Es sei etwa $M = \{m_1, m_2, m_3\}$, $N = \{n_1, n_2\}$; dann wird

$$P = M \cdot N =$$
$$\{(m_1, n_1), (m_1, n_2), (m_2, n_1), (m_2, n_2), (m_3, n_1), (m_3, n_2)\} .$$

Man erkennt, daß für den Fall *endlicher* Mengen M und N die Anzahl der Elemente der Verbindungsmenge gerade das Produkt ist, das sich durch Multiplikation der Anzahl der Elemente von M mit der Anzahl der Elemente von N ergibt. Unsere Definition stellt somit eine naturgemäße Verallgemeinerung auf beliebige unendliche Mengen dar.

Entsprechend wie bei der Addition gehen wir jetzt von der Multiplikation *zweier* Mengen zur Multiplikation *beliebig vieler* (endlich oder unendlich vieler) Mengen über. Es werde also erklärt:

Definition 5. Es sei eine beliebige Menge $\underline{M}$ von Mengen gegeben: $\underline{M} = \{M_1, M_2, M_3, \ldots\}$; $\underline{M}$ braucht nicht etwa abzählbar zu sein. Bildet man dann alle Elementekomplexe

$$m = (m_1, m_2, m_3, \ldots),$$

wobei m_1 alle Elemente von M_1, m_2 alle Elemente von M_2, m_3 alle Elemente von M_3 durchläuft usw., so daß von jeder der in $\underline{M}$ enthaltenen Mengen je ein einziges Element in m vorkommt, so nennt man die Menge $P = \mathfrak{P}\underline{M}$, deren Elemente *alle möglichen verschiedenen* Komplexe m sind, die **Verbindungsmenge** der Mengen $M_1, M_2, M_3, \ldots$. Man schreibt:

$$P = \mathfrak{P}\underline{M} = M_1 \cdot M_2 \cdot M_3 \quad \cdots .$$

Ganz entsprechend wie bei der Multiplikation *zweier* Mengen ist zu Definition 5 zu bemerken, daß es zwar an sich auf die Reihenfolge der einzelnen Elemente im Komplex *nicht* ankommt, daß aber zwei Komplexe nur dann als gleich zu betrachten sind, wenn sie *die nämlichen Elemente aus den nämlichen Mengen* enthalten. Sind also die Mengen M_1, M_2 usw. nicht paarweise elementefremd, so kann der Fall vorkommen, daß zwei Komplexe die nämlichen Elemente enthalten, ohne doch als gleich angesehen werden zu können. In diesem Fall kann man zur Vermeidung von Verwechslungen sich zu jedem Element die zugehörige Menge als Index vermerkt denken oder auch in der Schreibweise eine bestimmte Reihenfolge der Elemente im Komplex innehalten. Wie immer nach dieser Richtung verfahren wird, so ist doch klar, daß dio Reihenfolge der Faktoren in dem Produkt $M_1 \cdot M_2 \cdot M_3 \cdots$ keineswegs wesentlich ist, sondern daß die Verbindungsmenge begrifflich unabhängig ist von der Reihenfolge, in der die Faktoren auftreten.

Beispiel: Die Menge M sei abzählbar: $M = \{M_1, M_2, M_3, M_4, M_5, \ldots\}$. Die Mengen M_1, M_2 usw. seien folgende:

$$M_1 = \{m_1, n_1\}, \quad M_2 = \{m_2, n_2\}, \quad M_3 = \{m_3\}, \quad M_4 = \{m_4\},$$
$$M_5 = \{m_5\} \text{ usw.},$$

wobei die Elemente $m_1, n_1, m_2, n_2, m_3, m_4, m_5, \ldots$ beliebig sein können; M_1 und M_2 enthalten also je zwei Elemente, während alle weiteren Mengen nur aus je einem einzigen Element bestehen. Dann lassen sich aus den Elementen dieser unendlich vielen Mengen nur die folgenden vier verschiedenen Komplexe bilden:

$$(m_1, m_2, m_3, m_4, m_5, \ldots),$$
$$(m_1, n_2, m_3, m_4, m_5, \ldots),$$
$$(n_1, m_2, m_3, m_4, m_5, \ldots),$$
$$(n_1, n_2, m_3, m_4, m_5, \ldots);$$

die Menge dieser vier Elemente ist also die Verbindungsmenge $\mathfrak{P}M$.

Es seien nun zwei verschiedene, aber äquivalente Mengen von Mengen gegeben:

$$M = \{M_1, M_2, M_3, \ldots\}, \; N = \{N_1, N_2, N_3, \ldots\};$$

wiederum soll (wie auf S. 57) die gewählte Bezeichnungsweise nicht etwa die Abzählbarkeit von M und N fordern, wohl aber eine bestimmte Abbildung zwischen den beiden äquivalenten Mengen M und N andeuten, gemäß welcher M_1 und N_1, M_2 und N_2 usw. jeweils einander entsprechen. Ferner sollen je zwei hiernach einander zugeordnete Mengen selber äquivalent sein, also $M_1 \sim N_1$, $M_2 \sim N_2$ usw. Dann erkennt man in ähnlicher

Weise wie bei der Addition (S. 58), daß auch die Verbindungsmengen $\mathfrak{P}M$ und $\mathfrak{P}N$ äquivalent sind; es läßt sich leicht eine Abbildung zwischen ihnen ausdrücklich angeben.

Auf Grund dieser Tatsache läßt sich nunmehr die Multiplikation von *Kardinalzahlen* folgendermaßen erklären:

Definition 6. Es sei eine beliebige endliche oder unendliche Menge von Kardinalzahlen $M = \{\mathfrak{m}_1, \mathfrak{m}_2, \mathfrak{m}_3, \ldots\}$ gegeben[1]), die nicht etwa abzählbar zu sein braucht. Um das Produkt aller Kardinalzahlen der Menge M zu bilden, ist folgendermaßen zu verfahren: Man wähle eine beliebige Menge M_1 von der Kardinalzahl $\mathfrak{m}_1$, eine beliebige Menge M_2 von der Kardinalzahl $\mathfrak{m}_2$ usw., also zu jeder in M enthaltenen Kardinalzahl eine Menge von eben dieser Kardinalzahl. Man bilde die Verbindungsmenge $P = M_1 \cdot M_2 \cdot M_3 \cdots$; ihre Kardinalzahl sei $\mathfrak{p}$. Dann wird $\mathfrak{p}$ als das Produkt aller Kardinalzahlen der Menge M bezeichnet; man schreibt:

$$\mathfrak{p} = \mathfrak{m}_1 \cdot \mathfrak{m}_2 \cdot \mathfrak{m}_3 \cdots .$$

Werden bei Anwendung dieser Definition an Stelle der Mengen M_1, M_2 usw. irgendwelche andere, bezüglich äquivalente Mengen als Vertreterinnen der Kardinalzahlen $\mathfrak{m}_1$, $\mathfrak{m}_2$ usw. gewählt, so wird die sich daraus ergebende Verbindungsmenge ihrerseits der Verbindungsmenge P äquivalent sein, wie die der Definition 6 vorangeschickte Überlegung zeigt. Man gelangt also, unabhängig von der besonderen Wahl der Mengen M_1, M_2 usw., stets zur nämlichen Kardinalzahl $\mathfrak{p}$ als Ergebnis der Multiplikation. Dies muß offenbar der Fall sein, damit unsere Definition wirklich einen eindeutigen Sinn habe.

Die Grundregeln der Multiplikation und der Verknüpfung der Addition mit der Multiplikation, wie sie in der gewöhnlichen Arithmetik gelten, bleiben auch für das Rechnen mit beliebigen Kardinalzahlen bestehen. Es sind dies die Rechenregeln

$$\mathfrak{m} \cdot \mathfrak{n} = \mathfrak{n} \cdot \mathfrak{m}, \mathfrak{m} \cdot (\mathfrak{n} \cdot \mathfrak{q}) = (\mathfrak{m} \cdot \mathfrak{n}) \cdot \mathfrak{q}, \mathfrak{m} \cdot (\mathfrak{n} + \mathfrak{q}) = \mathfrak{m} \cdot \mathfrak{n} + \mathfrak{m} \cdot \mathfrak{q} .$$

Diese Regeln gelten in unserem jetzigen Gebiet nicht nur für zwei oder drei bzw. endlich viele, sondern auch für unendlich viele Kardinalzahlen. Wie man sich nämlich durch Anwendung der Definition der Verbindungsmenge und (bei der zweiten Beziehung) durch Wahl geeigneter Abbildungen ohne Schwierigkeit überzeugen

[1]) Auch hierfür gilt die Fußnote von S. 59.

kann, gelten zunächst für drei beliebige Mengen M, N, Q stets die Beziehungen:

$$M \cdot N = N \cdot M, \quad M \cdot N \cdot Q \sim M \cdot (N \cdot Q) \sim (M \cdot N) \cdot Q\,^{1)},$$
$$M \cdot (N + Q) = M \cdot N + M \cdot Q\,.$$

Geht man von den Mengen selbst zu ihren Kardinalzahlen über, so ergeben sich daraus die obigen Rechenregeln für Kardinalzahlen. Auf entsprechendem Weg läßt sich schließlich einsehen, daß jene Regeln nicht nur für zwei oder drei Kardinalzahlen, sondern für beliebige Mengen von Kardinalzahlen gelten.

Ferner bestehen ganz wie bei den endlichen Zahlen für eine beliebige Kardinalzahl $\mathfrak{m}$ die Beziehungen:

$$\mathfrak{m} = 1 \cdot \mathfrak{m}, \; \mathfrak{m} + \mathfrak{m} = 2 \cdot \mathfrak{m}, \; 2 \cdot \mathfrak{m} + \mathfrak{m} = 3 \cdot \mathfrak{m} \text{ usw.}$$

oder allgemein, wenn e eine beliebige endliche Kardinalzahl bedeutet:

$$\underbrace{\mathfrak{m} + \mathfrak{m} + \cdots + \mathfrak{m}}_{e \text{ Summanden}} = e \cdot \mathfrak{m}$$

Dabei sind unter 1, 2, 3 usw. die so bezeichneten endlichen Kardinalzahlen zu verstehen, deren Multiplikation mit anderen endlichen oder unendlichen Kardinalzahlen ja durch Definition 6 völlig erklärt ist.

Die Richtigkeit dieser Beziehungen erkennt man dadurch, daß man jeweils die linke Seite nach der Definition der Addition, die rechte Seite nach der Definition der Multiplikation berechnet; die dabei schließlich linkerseits auftretende Vereinigungsmenge

---

[1]) In dieser Beziehung sind die drei mit einander verglichenen Verbindungsmengen nicht miteinander identisch, sondern nur einander äquivalent. In der Tat ist z. B. das Element $(m, (n, q))$ der Menge $M \cdot (N \cdot Q)$ verschieden von dem Element $((m, n), q)$ der Menge $(M \cdot N) \cdot Q$, und beide sind verschieden von dem Element (m, n, q) der Menge $M \cdot N \cdot Q$. Ordnen wir aber diese drei Elemente und ebenso je drei im gleichen Sinne zusammengehörige andere Elemente der drei Mengen einander zu, so entstehen dadurch Abbildungen zwischen den Mengen $M \cdot N \cdot Q$, $M \cdot (N \cdot Q)$ und $(M \cdot N) \cdot Q$, die die Äquivalenz der drei Mengen erweisen. — Genau Entsprechendes gilt übrigens von den Mengen $M \cdot N$ und $N \cdot M$, falls man im Sinn der Bemerkung von S. 62/63 bei der Bildung der Verbindungsmengen die Reihenfolge der einzelnen Elemente in den Komplexen als wesentlich betrachten will; dann wären $M \cdot N$ und $N \cdot M$ nicht mehr als gleich, sondern nur mehr als äquivalent anzusehen (was sich übrigens fürs Folgende als unwesentlich erweist).

erweist sich dann als äquivalent der rechterseits entstehenden Verbindungsmenge, d. h. die angeschriebenen Beziehungen treffen wirklich zu. Um uns z. B. von der Gleichheit zwischen $\mathfrak{m} + \mathfrak{m}$ und $2 \cdot \mathfrak{m}$ zu überzeugen, bilden wir eine Menge von der Mächtigkeit $\mathfrak{m}$: $M = \{a, b, c, \ldots\}$, eine zweite ebensolche (also zu M äquivalente) und zu M elementefremde: $M' = \{a', b', c', \ldots\}$, endlich eine Menge von 2 Elementen: $K = \{n, p\}$. Dann entspricht der Mächtigkeit $\mathfrak{m} + \mathfrak{m}$ die Vereinigungsmenge

$$M + M' = \{a, b, c, \ldots a', b', c', \ldots\},$$

dagegen der Mächtigkeit $2 \cdot \mathfrak{m}$ die Verbindungsmenge

$$K \cdot M = \{(n, a), (n, b), (n, c), \ldots (p, a), (p, b), (p, c), \ldots\};$$

ordnen wir die Elemente a und (n, a), b und (n, b) usw., ferner a' und (p, a), b' und (p, b) usw. bezüglich einander zu, so ist die Äquivalenz zwischen $M + M'$ und $K \cdot M$ augenfällig gemacht. Entsprechend ist der Beweis allgemein für $e \cdot \mathfrak{m}$ (e beliebige endliche Kardinalzahl) leicht zu führen[1]).

Im Gegensatz zu diesen in Form von *Gleichungen* geschriebenen Rechenregeln, die für die Addition und Multiplikation (und ebenso für die im nächsten Paragraphen zu erklärende Potenzierung) der unendlichen Kardinalzahlen ebenso gelten wie für das Rechnen mit gewöhnlichen Zahlen, lassen sich die in der gewöhnlichen Arithmetik gültigen *Ungleichungen* im allgemeinen nicht auf das Rechnen mit unendlichen Kardinalzahlen übertragen. Sind nämlich m, n, p irgend drei natürliche Zahlen, von denen etwa m kleiner ist als n, so ist bekanntlich auch $m + p$ kleiner als $n + p$ und ebenso $m \cdot p$ kleiner als $n \cdot p$. Demgegenüber gelten z. B. für die uns bekannten unendlichen Kardinalzahlen $\mathfrak{a}$ und $\mathfrak{c}$ die Beziehungen (vgl. S. 61):

$$\mathfrak{a} + \mathfrak{c} = \mathfrak{c}, \quad \mathfrak{c} + \mathfrak{c} = \mathfrak{c}, \quad \text{also } \mathfrak{a} + \mathfrak{c} = \mathfrak{c} + \mathfrak{c},$$

obgleich $\mathfrak{a} < \mathfrak{c}$ ist; wir werden ebenso sehen, daß auch $\mathfrak{a} \cdot \mathfrak{c} = \mathfrak{c} \cdot \mathfrak{c}$ ist. Auf gewisse Ungleichungen, die auch im Bereich der unendlichen Kardinalzahlen gelten und teilweise nicht ganz einfach zu beweisen sind, soll hier nicht eingegangen werden.

---

[1]) Es bereitet übrigens keinerlei Schwierigkeiten zu zeigen, daß sich auch die Multiplikation zweier *unendlicher* Kardinalzahlen gleichfalls als eine (unendlich oft) wiederholte Addition eines beliebigen der Faktoren auffassen läßt.

In der gewöhnlichen Arithmetik ergibt sich aus den Grunddefinitionen des Rechnens als nächste Folgerung das Einmaleins. Ganz entsprechend werden wir jetzt durch Anwendung unserer Definitionen der Addition und Multiplikation auf die uns bekannten Mächtigkeiten einige einfache, aber merkwürdige und inhaltsreiche Beziehungen erhalten.

Nach S. 61 ist $\mathfrak{a} + \mathfrak{a} = 2 \cdot \mathfrak{a} = \mathfrak{a}$; daher ist auch $3 \cdot \mathfrak{a} = (2+1) \cdot \mathfrak{a} = 2 \cdot \mathfrak{a} + 1 \cdot \mathfrak{a} = \mathfrak{a} + \mathfrak{a} = \mathfrak{a}$, $4 \cdot \mathfrak{a} = 3 \cdot \mathfrak{a} + \mathfrak{a} = \mathfrak{a} + \mathfrak{a} = \mathfrak{a}$ usw., also allgemein

(1) $e \cdot \mathfrak{a} = \mathfrak{a}$ für jede endliche Zahl e.

Es ist aber auch

(2) $$\mathfrak{a} \cdot \mathfrak{a} = \mathfrak{a}\,,$$

wie man z. B. mittels des auf S. 20 ff. zur Abzählung der Menge der rationalen Zahlen verwandten Verfahrens schließen könnte. Zum Beweis der Beziehung (2) pflegt man auch den folgenden unmittelbar anschaulichen (übrigens zur Abzählung der rationalen Zahlen gleichfalls benutzbaren) Weg einzuschlagen: Die zwei gemäß der Definition der Multiplikation zu wählenden abzählbaren Mengen seien

$$M = \{1, 3, 5, 7, \ldots\} \text{ und } N = \{2, 4, 6, 8, \ldots\}.$$

Wir ordnen die in der Verbindungsmenge vorkommenden Zahlenpaare in der folgenden Form eines links oben beginnenden, nach rechts und unten unbegrenzten Quadrats an:

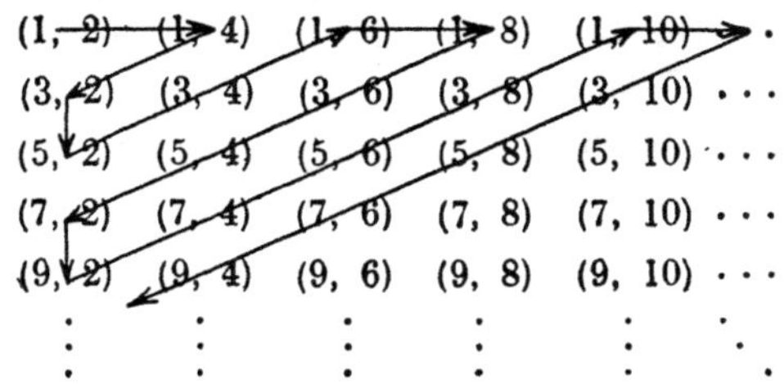

Alle in diesem zweifach unendlichen Schema vorkommenden Zahlenpaare wollen wir nun der Reihe nach so durchlaufen, wie es unsere mit Pfeilen versehene Zickzacklinie in leicht verständlicher Weise andeutet; auf (1, 2) folgen also (1, 4), (3, 2), (5, 2), (3, 4) usw. In der Abzählung, die alle von der Zickzacklinie getroffenen Zahlenpaare der Reihe nach aneinander anreiht, kommen ersichtlich *alle* Zahlenpaare des Schemas vor; die Verbindungsmenge $M \cdot N$ ist also wirklich abzählbar, wie wir beweisen wollten.

Ebenso ist

(3) $e \cdot \mathfrak{c} = \mathfrak{c}$ für jede endliche Zahl e,

(4) $\mathfrak{a} \cdot \mathfrak{c} = \mathfrak{c}$.

Die erste dieser Beziehungen folgt einfach daraus, daß ebenso wie die Menge aller Punkte einer bestimmten geraden Strecke auch die Menge aller Punkte einer doppelt, dreimal, viermal, . . . , e-mal so großen Strecke die Mächtigkeit $\mathfrak{c}$ besitzt (vgl. auch S. 61). Gehen wir ferner aus von der durch die Punkte 0 und 1 (letzteren eingeschlossen) begrenzten Strecke der Zahlengeraden und bezeichnen wir die Punkte dieser Strecke mit $(0, c)$, wo c alle unendlichen Dezimalbrüche zwischen 0 und 1 (d. h. also alle reellen Zahlen zwischen diesen Grenzen) durchläuft, so können wir analog die Punkte der Strecke von 1 bis 2 (letzteren Punkt eingeschlossen) mit $(1, c)$ bezeichnen, ebenso die Punkte der Strecke von 2 bis 3 mit $(2, c)$ usw., wobei immer c alle unendlichen Dezimalbrüche zwischen 0 und 1 durchläuft; in gleicher Weise mögen die Punkte zwischen -1 und 0 mit $(-1, c)$, die zwischen -2 und -1 gelegenen mit $(-2, c)$ bezeichnet werden usw. Die Menge aller Punkte der beiderseits unbegrenzten Zahlengeraden stellt in dieser Bezeichnungsweise offenbar die Verbindungsmenge der Menge aller ganzen Zahlen und der Menge aller reellen Zahlen zwischen 0 und 1 dar, von denen erstere abzählbar ist, letztere die Mächtigkeit $\mathfrak{c}$ besitzt. Da die Menge *aller* Punkte einer geraden Linie ebenfalls von der Mächtigkeit $\mathfrak{c}$ ist (S. 38), so ist hiermit die Beziehung $\mathfrak{a} \cdot \mathfrak{c} = \mathfrak{c}$ bewiesen.

Endlich soll noch gezeigt werden, daß auch folgende Beziehung gilt:

(5) $\mathfrak{c} \cdot \mathfrak{c} = \mathfrak{c}$,

und zwar wollen wir diesen Satz in geometrischer Einkleidung beweisen, um gleich eine weitere Folgerung daraus ziehen zu können. Es sei ein Quadrat von der Seitenlänge 1 (etwa 1 cm) gegeben; wir wollen die Menge aller innerhalb dieses Quadrats gelegenen Punkte betrachten und zu dieser Menge auch noch die Punkte zweier Quadratseiten (etwa der oberen und der rechten) rechnen, nicht aber die auf den zwei anderen Seiten (der unteren und der linken) gelegenen Punkte. Ist P ein beliebiger Punkt unserer Menge, so wollen wir uns (vgl. Abb. 6) von P aus eine Linie senkrecht zur linken Quadratseite und eine zweite Linie senkrecht zur unteren Quadratseite gezogen denken; die Länge der ersten Linie (bis zum Schnitt mit der Quadratseite) sei mit x, die Länge der zweiten Linie mit y bezeichnet. Da jede Quadratseite die Länge 1 besitzt, wird jede der Strecken x und y zwar größer als 0, aber höchstens gleich 1 sein; gemäß den Überlegungen von S. 31 f. können wir daher x als den unendlichen Dezimalbruch $0, x_1\, x_2\, x_3 \ldots$ schreiben und ebenso y als den unendlichen Dezimalbruch $0, y_1\, y_2\, y_3 \ldots$, wo $x_1, x_2, x_3, \ldots y_1, y_2, y_3, \ldots$ lauter Ziffern aus der Reihe $0, 1, 2, \ldots, 9$ bedeuten. Zu jedem bestimmten Punkt P unserer Menge gehört offenbar ein Paar von völlig bestimmten Dezimalbrüchen x und y; umgekehrt gehört zu je zwei zwischen 0 und 1 gelegenen unendlichen Dezimalbrüchen ein einziger Punkt unseres Quadratinhalts, den man durch Auftragen der Strecken x und y senkrecht zu den Quadratseiten jederzeit bestimmen kann. Wir können zur Andeutung dieser gegenseitigen eindeutigen Bestimmtheit statt P auch (x, y) schreiben.

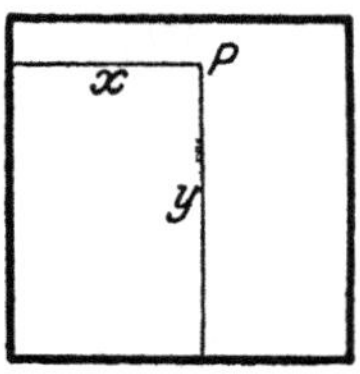

Abb. 6.

Außer unserem Quadrat betrachten wir jetzt noch die Strecke von 0 bis 1 auf der Zahlengeraden, deren Punkte wiederum durch die unendlichen Dezimalbrüche zwischen 0 und 1 bezeichnet werden können. Wir werden eine umkehrbar eindeutige Zuordnung zwischen den Punkten dieser Einheitsstrecke und sämtlichen Punkten unseres Quadratinhalts herstellen. Ist nämlich P ein beliebiger, aber von nun an bestimmter Punkt des Quadratinhalts, so seien

$$x = 0,\, x_1\, x_2\, x_3 \ldots \quad \text{und } y = 0,\, y_1\, y_2\, y_3 \ldots$$

die zwei ihn bestimmenden unendlichen Dezimalbrüche; dann bilden wir aus diesen beiden Zahlen den durch sie eindeutig bestimmten Dezimalbruch

$$z = 0,\, x_1\, y_1\, x_2\, y_2\, x_3\, y_3 \ldots;$$

da z wiederum zwischen 0 und 1 liegt, können und wollen wir dem Punkt P den durch z bezeichneten Punkt unserer Einheitsstrecke auf der Zahlengeraden zuordnen. Ist umgekehrt ein beliebiger Punkt auf dieser Strecke gegeben, der durch den Dezimalbruch

$$z = 0,\, z_1\, z_2\, z_3\, z_4\, z_5\, z_6 \ldots$$

bezeichnet ist, so ordnen wir diesem Punkt der Einheitsstrecke denjenigen Punkt P unseres Quadratinhalts zu, der durch folgende Werte x und y festgelegt ist:

$$x = 0,\ z_1\ z_3\ z_5\ \ldots \text{ und } y = 0,\ z_2\ z_4\ z_6\ \ldots;$$

da auch diese Werte x und y Dezimalbrüche[1]) zwischen 0 und 1 sind, ist der Punkt P eindeutig bestimmt. Wir haben so eine Abbildung zwischen allen Punkten des Quadratinhalts und allen Punkten einer geraden Strecke hergestellt; da die Menge aller Punkte der Strecke die Mächtigkeit $\mathfrak{c}$ besitzt, gilt daher das Nämliche von der Menge sämtlicher Punkte des Quadrats. Die Elemente dieser letzteren Menge können aber durch die Zahlenpaare (x, y) bezeichnet werden, wo sowohl x wie y je eine Zahlenmenge von der Mächtigkeit $\mathfrak{c}$ durchläuft; die Mächtigkeit der Menge aller Punkte P ist daher nach der Definition der Multiplikation von Mächtigkeiten gleich $\mathfrak{c} \cdot \mathfrak{c}$, und da sich diese Menge als äquivalent einer Menge von der

[1]) Allerdings sind x und y nicht notwendig *unendliche* Dezimalbrüche, wie es zur Herstellung einer umkehrbar eindeutigen Zuordnung erforderlich wäre, sondern einer der beiden Dezimalbrüche kann ein abbrechender sein, also schließlich lauter Nullen aufweisen; ist z. B. $z = 0{,}1210101010\ldots$, so ist $y = 0{,}200\ldots = 0{,}2$. Dieser formale Mangel des obigen Beweises erfordert entweder den Nachweis, daß das Auftreten der abbrechenden Dezimalbrüche, deren es nur eine abzählbare Menge gibt, auf das zu beweisende Resultat ohne Einfluß ist (vgl. S. 76/77), oder eine Abänderung folgender Art: man betrachtet nicht, wie im Text angegeben, lauter einzelne *Ziffern* $x_1, x_2, \ldots y_1, y_2, \ldots z_1, z_2, \ldots$, sondern, falls eine dieser Ziffern (z. B. x_1) Null ist, statt dessen denjenigen *Ziffernkomplex* $x_1\, x_2 \ldots x_k$, der entsteht, wenn man von x_1 bis zur nächsten von Null verschiedenen Ziffer x_k fortschreitet; ist weiter die nächste Ziffer x_{k+1} von Null verschieden, so wird sie für sich als Komplex betrachtet, anderenfalls wieder der bis zur nächsten von Null verschiedenen Ziffer reichende Komplex ins Auge gefaßt usw. So erhält man z. B. für den Dezimalbruch 0,12103400507 ... die folgende (durch Vertikalstriche angedeutete) Einteilung in Komplexe: 0,1|2|1|03|4|005|07| .... Wird nun das obige Verfahren zur Gewinnung einer Zahl z aus einem Zahlenpaar (x, y) und umgekehrt, statt wie oben mittels der einzelnen Ziffern, vielmehr mittels der Ziffernkomplexe durchgeführt, so behält das Verfahren, wie man leicht einsieht, seinen umkehrbar eindeutigen Charakter bei, liefert dann aber niemals abbrechende Dezimalbrüche; z. B. ergibt sich aus dem vorhin angeführten Wert $z = 0{,}1|2|1|01|01|01|\ldots$

$$x = 0{,}110101\ldots, \quad y = 0{,}20101\ldots.$$

Durch diesen von J. König stammenden Kunstgriff wird also der obige Beweis lückenlos.

Mächtigkeit $\mathfrak{c}$ erwiesen hat, so ist der gewünschte Beweis der Beziehung $\mathfrak{c} \cdot \mathfrak{c} = \mathfrak{c}$ wirklich geliefert.

Geometrisch betrachtet, enthält der Satz $\mathfrak{c} \cdot \mathfrak{c} = \mathfrak{c}$ zunächst die soeben nachgewiesene Tatsache, daß sich die Menge aller Punkte in dem von uns betrachteten Quadrat auf die Menge der Punkte der Einheitsstrecke abbilden läßt[1]). Ein noch merkwürdiger aussehendes Ergebnis erhält man aber, wenn man bedenkt, daß durch zwei *beliebige* (positive oder negative) reelle Zahlen x und y sich ersichtlich jeder Punkt der *unbegrenzten* Ebene in genau der nämlichen Weise umkehrbar eindeutig festlegen läßt, wie dies für die Punkte in unserem Quadrat unter der Bedingung geschah, daß die Zahlen x und y auf die Werte zwischen 0 und 1 beschränkt blieben. Da auch die Menge *aller* reellen Zahlen die Mächtigkeit $\mathfrak{c}$ besitzt, ist demnach $\mathfrak{c} \cdot \mathfrak{c}$ gleichzeitig die Mächtigkeit aller Punkte einer unbegrenzten Ebene. Berücksichtigt man endlich noch, daß die Menge aller auf einer *beliebigen Strecke* gelegenen Punkte gleichfalls von der Mächtigkeit $\mathfrak{c}$ ist (S. 37), so kann man die Beziehung $\mathfrak{c} \cdot \mathfrak{c} = \mathfrak{c}$ in der folgenden überraschenden Form aussprechen:

Sämtliche Punkte einer allseits unbegrenzten Ebene lassen sich in umkehrbar eindeutiger Weise den Punkten einer noch so kurzen Strecke zuordnen.

Während wir in diesem Paragraphen die Operationen der Addition und Multiplikation vom Bereich der gewöhnlichen natürlichen Zahlen auf denjenigen der endlichen und unendlichen Kardinalzahlen ausdehnen konnten, ist es nicht möglich, die gleiche Verallgemeinerung auch für die Subtraktion und Division zu bewirken. Denn wäre z. B. die Aufgabe gestellt, die Differenz $\mathfrak{a} - \mathfrak{a}$ zu berechnen, so müßten wir uns der drei auf S. 61 angeführten Beziehungen erinnern: $\mathfrak{a} + 1 = \mathfrak{a}$, $\mathfrak{a} + e = \mathfrak{a}$, $\mathfrak{a} + \mathfrak{a} = \mathfrak{a}$; aus ihnen folgt, daß für $\mathfrak{a} - \mathfrak{a}$ entweder die Zahl 1 oder jede andere natürliche Zahl e oder die unendliche Kardinalzahl $\mathfrak{a}$ genommen werden

---

[1]) Für den mit dem Begriff der Stetigkeit vertrauten Leser sei hervorgehoben, daß diese Abbildung wohl umkehrbar eindeutig, aber keineswegs stetig ist, d. h. nicht so beschaffen, daß benachbarten Punkten der Strecke auch stets benachbarte Punkte des Quadrats entsprechen. Eine umkehrbar eindeutige und stetige Abbildung ist überhaupt nicht möglich.

kann. Angesichts der entstehenden Unbestimmtheit muß also von der Ausführung der Subtraktion abgesehen werden. Ebenso folgt z. B. aus den Beziehungen $e \cdot \mathfrak{c} = \mathfrak{a} \cdot \mathfrak{c} = \mathfrak{c} \cdot \mathfrak{c} = \mathfrak{c}$ die Unausführbarkeit der Division; denn der Quotient $\frac{\mathfrak{c}}{\mathfrak{c}}$ könnte hiernach gleich einer beliebigen endlichen Zahl e, gleich $\mathfrak{a}$ oder gleich $\mathfrak{c}$ gesetzt werden.

§ 8. Die Potenzierung der Kardinalzahlen.

Wir wollen die Potenzierung der Kardinalzahlen auf dieselbe Weise erklären, wie es in der gewöhnlichen Arithmetik üblich ist, nämlich als eine wiederholte Multiplikation des nämlichen Faktors mit sich selbst. Doch werde hier erwähnt, daß ursprünglich von Cantor eine andere Definition der Potenzierung gegeben worden ist, die freilich auf das gleiche Ergebnis hinauskommt; wir wollen auf diese andere Definition (mittels der sog. „Belegungsmenge") nicht ausdrücklich eingehen.

Um zu einer beliebigen Mächtigkeit $\mathfrak{m}$ die Potenz $\mathfrak{m}^2 = \mathfrak{m} \cdot \mathfrak{m}$ zu bilden, haben wir nach der Definition der Multiplikation zunächst zwei Mengen M_1 und M_2 von der nämlichen Mächtigkeit $\mathfrak{m}$ zu wählen; anders ausgedrückt: wir haben eine Menge N von Mengen der Mächtigkeit $\mathfrak{m}$ zu nehmen, die die Kardinalzahl 2 besitzt, d. h. die nur zwei Mengen M_1 und M_2 (von der Mächtigkeit $\mathfrak{m}$) enthält. Hierauf sind alle Elementepaare (m_1, m_2) zu bilden, wobei m_1 alle Elemente von M_1, m_2 alle Elemente von M_2 durchläuft; die Menge aller möglichen derartigen Paare (d. i. die Verbindungsmenge $M_1 \cdot M_2$) besitzt dann die Mächtigkeit $\mathfrak{m} \cdot \mathfrak{m}$ oder $\mathfrak{m}^2$.

Die sinngemäße Ausdehnung dieser Erklärung auf den allgemeineren Fall, wo die Menge N von Mengen nicht die Kardinalzahl 2, sondern eine beliebige endliche oder unendliche Kardinalzahl besitzt, führt zu der folgenden

Definition. Es seien zwei beliebige Kardinalzahlen $\mathfrak{m}$ und $\mathfrak{n}$ gegeben. Um die Potenz $\mathfrak{m}^{\mathfrak{n}}$ zu bilden, wählen wir eine Menge N von Mengen: $N = \{M_1, M_2, M_3, \ldots\}$, die folgende zwei Eigenschaften besitzt: 1. die Menge N soll die Kardinalzahl $\mathfrak{n}$ besitzen (sie ist also im allgemeinen keineswegs abzählbar), 2. jede der in N enthaltenen Mengen $M_1, M_2, M_3, \ldots$ soll die Kardinalzahl $\mathfrak{m}$ besitzen. Wir bilden dann die Verbindungsmenge $\mathfrak{P}N = M_1 \cdot M_2 \cdot M_3 \cdots$; gemäß der Definition der Multiplikation von

Mengen sind zu diesem Zweck alle Elementekomplexe der Form $(m_1, m_2, m_3, \ldots)$ aufzustellen, wobei m_1 alle Elemente von M_1, m_2 alle Elemente von M_2 durchläuft usw., und die Menge aller derartigen Komplexe stellt dann die Verbindungsmenge $\mathfrak{P}N$ dar. Ist $\mathfrak{q}$ die Kardinalzahl der Menge $\mathfrak{P}N$, so wird $\mathfrak{q}$ die $\mathfrak{n}^{\text{te}}$ Potenz von $\mathfrak{m}$ genannt; man schreibt $\mathfrak{q} = \mathfrak{m}^{\mathfrak{n}}$ und bezeichnet wie in der Arithmetik $\mathfrak{m}$ als die Basis, $\mathfrak{n}$ als den Exponenten der Potenz.

Daß nach dieser Erklärung das Ergebnis der Potenzierung davon unabhängig ist, wie die Elemente von N, d. h. die Mengen M_1, M_2 usw. gewählt werden, braucht nicht mehr besonders nachgewiesen zu werden; denn das liegt einfach daran, daß nach S. 64f. das Ergebnis der Multiplikation von Kardinalzahlen stets das nämliche ist, welche Mengen auch immer man als Vertreterinnen der einzelnen Kardinalzahlen heranziehen mag.

In einem wichtigen Zusammenhang mit dem hier erklärten Potenzbegriff steht die auf S. 49f. betrachtete *Menge aller Teilmengen einer gegebenen Menge.* Dieser Zusammenhang soll jetzt näher beleuchtet werden.

Liegt eine beliebige Teilmenge N' einer Menge N von der Kardinalzahl $\mathfrak{n}$ vor, wobei N' auch mit der Menge N selbst oder mit der Nullmenge (S. 13) identisch sein kann, so können wir der Teilmenge N' eine Menge N'' zuordnen, die zunächst die nämlichen Elemente wie N' (also lauter Elemente von N) umfaßt, außerdem aber noch für jedes in N' *nicht* enthaltene Element von N eine Null (0) aufweist[1]). Die Menge N'' ist dann zwar keine Teilmenge von N, wohl aber ist sie durch die Teilmenge N' völlig bestimmt. Bildet man umgekehrt zu der gegebenen Menge N eine beliebige Menge N'', die erstens gewisse Elemente von N und zweitens statt jedes weiteren Elementes von N je eine Null enthält, so entspricht offenbar dieser Menge N'' eine einzige völlig bestimmte Teilmenge N' von N, die aus N'' einfach dadurch entsteht, daß alle Nullen in N'' fortgelassen werden; derjenigen Menge N'', die lauter Nullen und kein einziges Element von N enthält, entspricht die Nullmenge, die uns ja gleichfalls als Teilmenge von N gilt. Wir wollen jede Menge N'' von den zwei angeführten Eigenschaften für den Augenblick eine *Faktormenge von* N nennen. Da jeder Teilmenge von N umkehrbar eindeutig eine Faktormenge von N entspricht, ist die Menge aller Faktormengen von N äquivalent der Menge $\mathfrak{U}N$ aller Teilmengen von N. Ferner ist nach der Definition der

1) Um in einer und derselben Menge stets lauter verschiedene Elemente zu erhalten, kann man sich die einzelnen Nullen von einander durch Indizes oder Strichelchen formal unterschieden denken. Das Entsprechende gilt für die Mengen M_1, M_2, ... auf S. 76.

Faktormengen jede Faktormenge von N äquivalent der Menge N selber. Ist z. B. $N = \{1, 2, 3\}$, so sind alle Faktormengen von N die folgenden:

$$\{0, 0, 0\},\ \{1, 0, 0\},\ \{2, 0, 0\},\ \{3, 0, 0\},\ \{2, 3, 0\},\ \{1, 3, 0\},\ \{1, 2, 0\},\ \{1, 2, 3\}$$ [1].

Die Anzahl der Faktormengen (und damit auch der Teilmengen) ist in diesem Fall 8 oder 2^3; die erste $\{0, 0, 0\}$ entspricht der Nullmenge, die überhaupt kein Element enthält, während die letzte $\{1, 2, 3\}$ der größten, mit der Menge N selbst identischen Teilmenge zugeordnet ist (und mit ihr zusammenfällt).

Wir wollen nun die Potenz $2^{\mathfrak{n}}$ bilden, wo $\mathfrak{n}$ eine beliebige Kardinalzahl bedeutet. $N = \{a, b, c, \ldots\}$ sei irgendeine Menge von der Kardinalzahl $\mathfrak{n}$. Um eine Menge von der Kardinalzahl $2^{\mathfrak{n}}$ herzustellen, haben wir nach der Definition der Potenz zunächst eine Menge von der Kardinalzahl $\mathfrak{n}$ zu bilden, welche die Eigenschaft hat, daß ihre Elemente lauter Mengen von der Kardinalzahl 2 (d. h. lauter Mengen von je 2 Elementen) sind. Als diese Mengen können wir die folgenden wählen:

$$\{a, 0\},\ \{b, 0\},\ \{c, 0\},\ \ldots,$$

wobei 0 wie vorher die gewöhnliche Zahl Null bedeutet. Die Menge all dieser Mengen ist ersichtlich äquivalent zu N, also wirklich von der Kardinalzahl $\mathfrak{n}$.

Es ist endlich gemäß der Definition die Verbindungsmenge all dieser Mengen herzustellen. Jedes Element der Verbindungsmenge ist ein Komplex, in dem aus jeder der Mengen $\{a, 0\}$, $\{b, 0\}$, $\{c, 0\}$ usw. je ein Element auftritt, also ein Komplex, in dem gewisse der Elemente a, b, c usw. vorkommen, während an Stelle jedes nicht vorkommenden Elements je eine Null steht Jeder beliebige dieser Komplexe stellt daher, wenn man ihn als *Menge* betrachtet, eine Faktormenge von N dar; anders ausgedrückt: ersetzt man bei einem beliebigen derartigen Komplex die runden Klammern durch geschweifte, so hat man eine Faktormenge von N. Ebenso gilt ersichtlich die Umkehrung. Die Menge *aller* Komplexe der angegebenen Art, d. i. die fragliche Verbindungsmenge, ist also äquivalent der Menge aller Faktormengen von N und nach dem vorletzten Absatz daher auch äquivalent der Menge aller Teilmengen von N.

Nach der Definition der Potenz ist die Kardinalzahl unserer Verbindungsmenge gleich $2^{\mathfrak{n}}$. Daher erhalten wir den folgenden wichtigen Satz, der dazu geführt hat, die Menge aller Teilmengen einer Menge N auch schlechthin als die „Potenzmenge von N" zu bezeichnen:

Ist N eine beliebige Menge von der Kardinalzahl $\mathfrak{n}$, so besitzt die Menge $\mathfrak{U}N$, d. i. die Menge aller Teilmengen von N, die Kardinalzahl $2^{\mathfrak{n}}$. Ist also $\mathfrak{n}$ eine beliebige Kardinalzahl, so ist (*S.* 50) *die Kardinalzahl $2^{\mathfrak{n}}$ stets größer als $\mathfrak{n}$.*

---

[1]) Auf die Reihenfolge der Elemente kommt es selbstverständlich in den Faktormengen ebensowenig an wie in den Teilmengen

Dieser Satz gilt natürlich auch für alle endlichen Mengen und mag in dieser Beschränkung manchem Leser aus der Kombinatorik bekannt sein. Ein Beispiel hierfür ist auf S. 75 o. gegeben worden.

Für endliche Zahlen m, n, p werden in der Arithmetik die Beziehungen bewiesen:

$$m^n \cdot m^p = m^{n+p}, \quad m^n \cdot p^n = (m \cdot p)^n, \quad (m^n)^p = m^{n \cdot p}.$$

Genau die nämlichen Beziehungen gelten für beliebige (endliche oder unendliche) Kardinalzahlen $\mathfrak{m}$, $\mathfrak{n}$, $\mathfrak{p}$. Der Beweis läßt sich ohne besondere Schwierigkeit in der Weise führen, daß nach den Definitionen der Addition, Multiplikation und Potenzierung die linke wie die rechte Seite jeder Beziehung für sich in passender Weise berechnet und dann, vornehmlich unter Anwendung der auf S. 65 f. angegebenen Rechenregeln für die Multiplikation, gezeigt wird, daß die erhaltenen Ergebnisse paarweise übereinstimmen.

Gehen wir jetzt zu Beispielen über, so soll vor allem die Potenz $10^{\mathfrak{a}}$ berechnet werden. Wir bilden also eine Menge $N = \{M_1, M_2, M_3, \ldots\}$, die abzählbar und wirklich abgezählt sein soll, so daß M_1 das erste, M_2 das zweite Element von N darstellt usw.; ferner soll jedes der Elemente M_1, M_2, M_3 usw. je eine Menge von der Kardinalzahl 10 sein und zwar wollen wir für jede dieser Mengen die nämliche Menge von 10 Zahlen: $\{0, 1, 2, \ldots, 9\}$ wählen. Die Verbindungsmenge $M_1 \cdot M_2 \cdot M_3 \cdots$ enthält dann als Elemente alle Komplexe der Form $(m_1, m_2, m_3, \ldots)$, wo jede der in abgezählt unendlicher Anzahl vorkommenden Zahlen m_1, m_2 usw. je einen beliebigen Wert aus der Reihe $0, 1, \ldots, 9$ besitzt. Einem solchen Komplex können wir in umkehrbar eindeutiger Weise den Dezimalbruch $0, m_1 m_2 m_3 \ldots$ zuordnen, der ersichtlich ein (unendlicher oder abbrechender) Dezimalbruch zwischen 0 und 1 (beide Grenzen eingeschlossen) ist. Die Menge aller unendlichen und abbrechenden Dezimalbrüche zwischen 0 und 1 ist demnach äquivalent der Verbindungsmenge $M_1 \cdot M_2 \cdot M_3 \cdots$, sie besitzt also die Mächtigkeit $10^{\mathfrak{a}}$.

Die Mächtigkeit dieser Menge von Dezimalbrüchen können wir andererseits auch auf folgende Art bestimmen: Nach S. 42 besitzt die Menge aller unendlichen Dezimalbrüche zwischen 0 und 1 die Mächtigkeit $\mathfrak{c}$. Die Menge aller abbrechenden Dezimalbrüche zwischen 0 und 1 ist eine unendliche Teilmenge der Menge aller rationalen Zahlen zwischen 0 und 1, da sich jeder abbrechende Dezimalbruch auch als gemeiner Bruch (mit einem höchstens durch 2 oder 5 oder durch ein Produkt aus Potenzen dieser zwei Zahlen teilbaren Nenner) schreiben läßt; die Menge aller abbrechenden Dezimalbrüche ist also abzählbar. Die Menge aller unendlichen und abbrechenden Dezimalbrüche zwischen 0 und 1 hat demnach die Mächtigkeit $\mathfrak{c} + \mathfrak{a}$, die nach S. 61 gleich $\mathfrak{c}$ ist. Wir haben also das folgende Ergebnis gewonnen:

$$10^{\mathfrak{a}} = \mathfrak{c}\,.$$

Daß in dieser Beziehung gerade die Kardinalzahl 10 auftritt, beruht allein darauf, daß unser Ziffernsystem, das zur Bildung der Dezimalbrüche dient, entsprechend der Anzahl unserer Finger auf die Zahl 10 gegründet ist. Man kann aber natürlich alle reellen Zahlen ebensogut unter Zugrundelegung einer beliebigen anderen natürlichen Zahl n, die nur nicht die Eins sein darf, in Form unendlicher und abbrechender „systematischer Brüche" darstellen, wobei statt der Potenzen von 10 und $\frac{1}{10}$ die Potenzen von n und $\frac{1}{n}$ die Rolle der Einheiten spielen. Wählt man z. B. $n = 2$, so werden alle reellen Zahlen zwischen 0 und 1 durch alle unendlichen „dyadischen" Brüche der Form $0, b_1 b_2 b_3 \ldots$ dargestellt, wobei für b_1, b_2 usw. nur die zwei Werte 0 und 1 zulässig sind. Setzt man auf Grund dieser Tatsache, auf deren Beweis hier verzichtet werden soll, in der zuletzt angestellten Betrachtung n an die Stelle von 10, so ergibt sich:

$$n^{\mathfrak{a}} = \mathfrak{c} \quad (n \text{ beliebige von 1 verschiedene endliche Kardinalzahl}).$$

Da also im besonderen auch $2^{\mathfrak{a}} = \mathfrak{c}$ ist, so folgt nach S. 75 der Satz: *Die Menge aller Teilmengen der Menge der natürlichen Zahlen besitzt die Mächtigkeit des Kontinuums.*

Man kann auch unschwer zeigen, daß $2^{\mathfrak{c}} = n^{\mathfrak{c}} = \mathfrak{f}$ ist, daß also die Menge aller Teilmengen des Kontinuums die auf S. 43 ff. behandelte Mächtigkeit $\mathfrak{f}$ besitzt.

Wir stellen zum Schluß noch einige weitere Beispiele für das Potenzieren von Kardinalzahlen zusammen. Es ist: $\mathfrak{a}^2 = \mathfrak{a} \cdot \mathfrak{a} = \mathfrak{a}$ (Gleich. (2) auf S. 68), $\mathfrak{a}^3 = \mathfrak{a}^2 \cdot \mathfrak{a} = \mathfrak{a} \cdot \mathfrak{a} = \mathfrak{a}$, allgemein $\mathfrak{a}^n = \mathfrak{a}$ für jede endliche Kardinalzahl n.

$$\begin{aligned}\mathfrak{a}^{\mathfrak{a}} &= (n \cdot \mathfrak{a})^{\mathfrak{a}} \text{ (Gleich. (1) auf S. 68)} = n^{\mathfrak{a}} \cdot \mathfrak{a}^{\mathfrak{a}}\\ &= n^{\mathfrak{a} \cdot \mathfrak{a}} \cdot \mathfrak{a}^{\mathfrak{a}} \text{ (Gleich. (2) auf S. 68)} = (n^{\mathfrak{a}})^{\mathfrak{a}} \cdot \mathfrak{a}^{\mathfrak{a}} = (n^{\mathfrak{a}} \cdot \mathfrak{a})^{\mathfrak{a}}\\ &= (\mathfrak{c} \cdot \mathfrak{a})^{\mathfrak{a}} \text{ (siehe S. 77)} = \mathfrak{c}^{\mathfrak{a}} \text{ (Gleich. (4) auf S. 69)}\\ &= (n^{\mathfrak{a}})^{\mathfrak{a}} = n^{\mathfrak{a} \cdot \mathfrak{a}} = n^{\mathfrak{a}} = \mathfrak{c}, \text{ also}\end{aligned}$$

$$\mathfrak{a}^{\mathfrak{a}} = \mathfrak{c}.$$

Dieses Beispiel zeigt deutlich die Möglichkeit eines fruchtbaren Rechnens mit unendlichen Kardinalzahlen auf Grund der für sie gültigen Rechenregeln.

Ferner ist nach Gleichung (5) auf S. 69 $\mathfrak{c}^2 = \mathfrak{c} \cdot \mathfrak{c} = \mathfrak{c}$, also auch $\mathfrak{c}^3 = \mathfrak{c}^2 \cdot \mathfrak{c} = \mathfrak{c} \cdot \mathfrak{c} = \mathfrak{c}$ usw., allgemein $\mathfrak{c}^n = \mathfrak{c}$ für jede endliche Kardinalzahl n. Weiter gilt:

$$\mathfrak{c}^{\mathfrak{a}} = (2^{\mathfrak{a}})^{\mathfrak{a}} = 2^{\mathfrak{a} \cdot \mathfrak{a}} = 2^{\mathfrak{a}} = \mathfrak{c}.$$

Genau entsprechend, wie wir auf S. 70 ff. sahen, daß die Menge aller Punkte eines Quadrats oder auch einer unbegrenzten Ebene die Mächtigkeit $\mathfrak{c}^2$ besitzt, läßt sich leicht einsehen, daß die Menge aller Punkte eines Würfels oder des unbegrenzten dreidimensionalen Raumes die Mächtigkeit $\mathfrak{c}^3$ hat (entsprechend der Dimensionenzahl 3). Wir erhalten also das merkwürdige Ergebnis:

Die Menge aller Punkte des unendlichen dreidimensionalen Raumes besitzt die Mächtigkeit des Kontinuums. Man kann also die Menge aller Punkte des Raumes auf die Menge aller Punkte einer noch so kleinen geraden Strecke so abbilden, daß jedem Punkt der Strecke ein einziger Punkt des Raumes zugeordnet ist und umgekehrt.

§ 9. Geordnete Mengen. Ähnlichkeit und Ordnungstypus.

All unsere bisherigen Überlegungen haben an den Begriff der unendlichen Menge nur in der einen Richtung angeknüpft, daß wir uns mit den *Kardinalzahlen* der Mengen beschäftigt haben, d. h. mit dem, was je allen untereinander äquivalenten Mengen gemeinsam ist. Da der Hauptzweck des vorliegenden Büchleins nicht sowohl der ist, einen gleichmäßigen Überblick über das Gesamtgebiet der Mengenlehre zu geben, als vielmehr der, dem Leser die Möglichkeit der Einführung „unendlich großer Zahlen" und ihrer vernünftigen und fruchtbaren Verwendung vor Augen zu führen, so war diese Hervorhebung des Äquivalenzbegriffs durchaus berechtigt; denn die unendlichen Kardinalzahlen, ihre Vergleichung und das Rechnen mit ihnen haben uns derartige, der gewöhnlichen Arithmetik fremde Verhältnisse deutlich zur Anschauung gebracht.

Zwei äquivalente Mengen werden aber im allgemeinen, auch wenn man von der besonderen Natur ihrer Elemente absieht, neben der ihnen gemeinsamen Kardinalzahl noch Verschiedenheiten aufweisen, deren Gesamtheit man als die verschiedene *Anordnung ihrer Elemente* bezeichnen kann. Ist z. B. M die Menge der natürlichen Zahlen in der gewöhnlichen Reihenfolge: $M = \{1, 2, 3, \ldots\}$, N die Menge aller positiven Brüche, die ihrer *Größe* nach (also nicht etwa so wie auf S. 22) geordnet sind, so sind zwar M und N äquivalent, aber in bezug auf die Ordnung ihrer Elemente ganz verschieden: M hat ein erstes Element 1 und zu jedem anderen Element von M gibt es ein unmittelbar vorangehendes und ein unmittelbar nachfolgendes; N besitzt dagegen kein erstes Element, da es keinen *kleinsten* positiven Bruch gibt, und zwischen je zwei positiven Brüchen liegen immer noch positive Brüche (z. B. ihr Mittel), so daß ein beliebiges Element von N weder einen unmittelbaren Vorgänger noch einen unmittelbaren Nachfolger besitzt. Ja auch eine und die nämliche Menge zeigt ein sehr verschiedenes Aussehen je nach der Art der Anordnung ihrer Elemente; z. B. besitzt die Menge aller ganzen Zahlen in der natürlichen Reihenfolge: $\{\ldots, -3, -2, -1, 0, 1, 2, 3, \ldots\}$ kein erstes Element, wohl aber in der Anordnung $\{0, 1, -1, 2, -2, 3, -3, \ldots\}$. Die auf die Anordnung der Elemente einer Menge bezüglichen Überlegungen werden uns zu einer neuen Art „unendlicher Größen" führen, uns aber auch sonstige interessante Tatsachen aufweisen, die selbst im Rahmen dieser kurzen Darstellung erwähnenswert sind.

Wir beginnen mit der Einführung des Begriffs der „geordneten Menge". In Anlehnung an den gewöhnlichen Sprachgebrauch versteht man darunter eine Menge, für die eine *Vorschrift* gegeben ist, durch welche *für irgend je zwei Elemente der Menge stets bestimmt wird, daß eines vorangeht (früher kommt, kleiner ist) und das andere nachfolgt (später kommt, größer ist).* Da die betreffende Vorschrift innerhalb gewisser sogleich zu erwähnender Grenzen willkürlich bleibt, ist eine möglichst allgemeine Bezeichnung der fraglichen Ordnungsbeziehung (wie „vorangehen" und „nachfolgen") jeder spezielleren (wie „kleiner" und „größer") vorzuziehen; die Vorschrift könnte ja z. B. auch festsetzen, daß das größere Element vorangeht, das kleinere nachfolgt. Wie immer eine derartige Anordnungsvorschrift beschaffen ist, vernünftigerweise wird sie stets folgende drei Eigenschaften besitzen: Erstens wird kein Element sich selber vorangehen; zweitens wird kein Element einem und demselben anderen Element gleichzeitig vorangehen *und* nachfolgen[1]); drittens wird ein Element, das einem zweiten vorangeht, während dieses zweite seinerseits einem dritten vorangeht, um so mehr selber diesem dritten Element vorangehen.

Diese drei Eigenschaften, aber nichts Weiteres wollen wir von der Anordnungsvorschrift für Mengen fordern; im übrigen kann diese Vorschrift also völlig willkürlich sein. Der bequemen Bezeichnung wegen benutzt man für die Anordnung das Zeichen $\prec$ (nicht zu verwechseln mit dem für die *Größenordnung der Kardinalzahlen* verwendeten Zeichen $<$); wir schreiben also $a \prec b$ (gelesen etwa: „a vor b"), wenn von den zwei Elementen a und b einer Menge nach der Anordnungsvorschrift a vorangeht und b nachfolgt. Völlig gleichbedeutend mit $a \prec b$ soll die Schreibweise $b \succ a$ („b nach a") sein. Die drei angeführten Eigenschaften lassen sich dann so ausdrücken:

1. Es ist nie $a \prec a$, 2. es ist nie gleichzeitig $a \prec b$ und $b \prec a$, 3. aus $a \prec b$, $b \prec c$ folgt $a \prec c$.

Ist zu einer Menge M eine Vorschrift gegeben, die zu jedem Paar (a, b) verschiedener Elemente aus M eine der Beziehungen $a \prec b$ und $b \prec a$ festlegt und dabei die drei angeführten Eigenschaften besitzt, so sprechen wir von der einfach geordneten Menge M oder kurz von der geordneten Menge M.

Aus den Eigenschaften der Ordnungsbeziehung folgt, daß zwischen irgend zwei (gleichen oder verschiedenen) Elementen a und b einer wie immer geordneten Menge stets eine einzige der folgenden drei Beziehungen besteht: $a = b$, $a \prec b$, $a \succ b$. Durch die Vorschrift, die eine Menge M ordnet, werden natürlich gleichzeitig alle Teilmengen von M geordnet; wir können daher jede Teilmenge einer geordneten Menge ohne weiteres selbst als geordnete Menge betrachten. Zwei geordnete Mengen werden nur dann als gleich bezeichnet, wenn sie die nämlichen Elemente enthalten und überdies die Anordnungsvorschrift für jedes Paar

[1]) Diese zweite Eigenschaft ist übrigens von selbst erfüllt, wenn das nämliche von der ersten und der dritten gilt (vgl. S. 117).

gleicher Elemente beidemal die nämliche ist. Aus der nämlichen Menge kann man also sehr wohl verschiedene geordnete Mengen bilden (vgl. S. 79). Beispiele geordneter Mengen werden wir unmittelbar nach der nächsten Definition (S. 82ff.) kennen lernen.

Eine beliebig gegebene Menge braucht nicht geordnet zu sein (wenn wir auch beim Aufschreiben oder Aussprechen gewisser ihrer Elemente uns unwillkürlich gezwungen sehen, dies in einer bestimmten Reihenfolge zu tun). Die Frage, ob es möglich ist, eine gegebene Menge stets zu ordnen — d. h. eine Ordnungsvorschrift von den angeführten Eigenschaften für sie angegeben zu denken — wird uns später (S. 125ff.) beschäftigen.

Erwähnt seien noch die folgenden kurzen und anschaulichen Bezeichnungen: Stehen drei Elemente a, b, c einer Menge zueinander in den Beziehungen $a \prec b$ und $b \prec c$, so sagt man, b liege „zwischen" den Elementen a und c. Geht ein Element a einer Menge auf Grund unserer Anordnungsvorschrift *allen* übrigen Elementen der Menge voran, so nennt man es das „erste" Element der Menge; folgt a allen übrigen Elementen der Menge nach, so heißt a das „letzte" Element der Menge.

Die nämliche Bedeutung, die bei Mengen schlechthin der Äquivalenzbegriff besitzt, hat bei geordneten Mengen der Begriff der „Ähnlichkeit". Man setzt nämlich fest:

Definition. Eine geordnete Menge M heißt einer geordneten Menge N **ähnlich**, wenn die Elemente von N denjenigen von M auf solche Art zugeordnet werden können, daß erstens jedem Element m von M in umkehrbar eindeutiger Weise ein einziges Element n von N entspricht und daß zweitens bei dieser Zuordnung auch die Anordnung entsprechender Elemente die nämliche ist (d. h. daß, falls m und n sowie m' und n' zwei Paare entsprechender Elemente sind, aus der in M geltenden Beziehung: $m \prec m'$ stets die Beziehung in N: $n \prec n'$ folgt und umgekehrt). Eine Zuordnung zwischen den Elementen der geordneten Mengen M und N, welche die beiden angeführten Eigenschaften besitzt, nennt man eine **ähnliche Abbildung** zwischen den beiden Mengen. Man bezeichnet die Tatsache, daß die geordnete Menge M der geordneten Menge N ähnlich ist, durch die Schreibweise: $M \simeq N$ (gelesen: M ähnlich N).

Nach dieser Definition kann Ähnlichkeit nur zwischen äquivalenten Mengen bestehen (wegen der ersten Eigenschaft der ähnlichen Abbildung); ähnliche Mengen sind also stets äquivalent, während äquivalente (geordnete) Mengen keineswegs einander ähnlich zu sein brauchen. Ferner fließen aus der Definition (vgl. S. 11f.) unmittelbar die beiden Tatsachen, daß jede Menge sich selbst ähnlich ist und daß (wie zuletzt in der Ausdrucksweise schon stillschweigend benutzt) die Eigenschaft der Ähnlichkeit zweier Mengen M und N eine gegenseitige ist, d. h. daß zugleich mit $M \simeq N$ auch $N \simeq M$ gilt und umgekehrt. Endlich erkennt man ohne weiteres, daß, falls M der Menge N und diese wiederum der Menge P ähnlich ist, auch die Menge M ihrerseits der Menge P ähnlich ist; man hat zum Nachweis dieser Tatsache je eine ähnliche Abbildung zwischen M und N und zwischen N und P in der nämlichen Weise miteinander zu verknüpfen, wie dies für äquivalente (nicht ähnliche) Mengen auf S. 12 geschah.

Beispiele. 1. Die geordneten Mengen $\{1, 2, 3\}$, $\{2, 3, 1\}$, $\{3, 1, 2\}$, $\{1, 3, 2\}$, $\{3, 2, 1\}$, $\{2, 1, 3\}$ sind alle einander ähnlich. Es leuchtet ein, daß überhaupt eine endliche Menge stets geordnet werden kann; wird nämlich ein beliebiges Element als erstes, ein beliebiges anderes als zweites bezeichnet usw., so kommt dieses Verfahren stets zum Abschluß (vgl. S. 16). Ferner sind offenbar zwei endliche Mengen, die äquivalent sind (d. h. gleichviel Elemente aufweisen, vgl. S. 14), stets auch ähnlich, wie immer ihre Elemente angeordnet werden mögen; denn es können ja die ersten Elemente, die zweiten, die dritten usw. bezüglich einander zugeordnet werden. Auf den vollständigen Beweis dieser Tatsachen soll hier nicht eingegangen werden.

2. Wird die Menge aller natürlichen Zahlen wie auch die Menge aller Brüche (rationalen Zahlen) jeweils der Größe nach geordnet, d. h. so, daß stets die kleinere Zahl der größeren vorangeht, so sind diese beiden Mengen sicher nicht ähnlich, obgleich sie äquivalent sind. Denn es kann (vgl. S. 79) z. B. der Zahl 1 der ersten Menge kein Bruch der zweiten entsprechen, weil der Zahl 1 in der ersten Menge kein anderes Element vorangeht, während in der zweiten Menge jedem Bruch andere Brüche vorangehen, da es ja keinen *kleinsten* Bruch gibt. Ordnet man dagegen die Menge aller Brüche so, wie es auf S. 22 geschehen ist, also in der Reihenfolge $\{\frac{0}{1}, \frac{1}{1}, -\frac{1}{1}, \frac{2}{1}, -\frac{2}{1}, \ldots\}$, so ist diese geordnete Menge ähnlich der Menge der ihrer Größe nach geordneten natürlichen Zahlen; denn läßt man die Zahlen $\frac{0}{1}$ und 1, $\frac{1}{1}$ und 2, $-\frac{1}{1}$ und 3 usw. einander entsprechen,

so ist ersichtlich die Reihenfolge für jedes Paar von Elementen der einen Menge dieselbe wie für das Paar der entsprechenden Elemente der anderen Menge.

3. M sei die Menge aller rationalen Zahlen; N sei die Menge aller rationalen Zahlen, ausgenommen die Zahlen zwischen 0 und 10, und zwar soll auch noch 0, nicht aber 10 zu N gehören; die Elemente beider Mengen sollen ihrer Größe nach angeordnet sein. Dann ordnen wir von den negativen rationalen Zahlen einschließlich 0, die in beiden Mengen vorkommen, jede sich selber zu; ist dagegen $\frac{m}{n}$ irgendeine positive rationale Zahl aus M, so ordnen wir ihr die rationale Zahl $10 + \frac{m}{n} = \frac{10 \cdot n + m}{n}$ aus N zu und umgekehrt (also der Zahl $\frac{r}{s}$ aus N die Zahl $\frac{r}{s} - 10$ aus M). Auf diese Weise erhalten wir offenbar eine ähnliche Abbildung zwischen den geordneten Mengen M und N.

Eine ähnliche Abbildung zwischen beiden Mengen wird aber unmöglich, sobald wir in die Menge N auch noch die Zahl 10 aufnehmen und die so entstehende geordnete Menge mit N' bezeichnen. Denn dann ist in N' zwar $0 \prec 10$, aber keine Zahl von N' liegt zwischen 0 und 10, d. h. 0 ist unmittelbarer Vorgänger von 10. In M dagegen liegen zwischen je zwei verschiedenen Zahlen stets noch weitere Zahlen von M (z. B. ihr Mittel). Wäre nun Φ irgendeine ähnliche Abbildung zwischen den Mengen M und N', so seien $\frac{m}{n}$ bzw. $\frac{r}{s}$ die rationalen Zahlen aus M, die den Zahlen 0 bzw. 10 aus N' entsprechen. Das (arithmetische) Mittel zwischen $\frac{m}{n}$ und $\frac{r}{s}$ ist $\frac{\frac{m}{n} + \frac{r}{s}}{2} = \frac{m \cdot s + r \cdot n}{2 \cdot n \cdot s}$; wir wollen diesen Bruch zur Abkürzung mit $\frac{p}{q}$ bezeichnen. Dann liegt bekanntlich $\frac{p}{q}$ zwischen $\frac{m}{n}$ und $\frac{r}{s}$. Der vermöge der Abbildung Φ dem Bruch $\frac{p}{q}$ von M entsprechende Bruch von N' sei endlich mit $\frac{a}{b}$ bezeichnet. Da $0 \prec 10$ ist, muß auch $\frac{m}{n} \prec \frac{r}{s}$ sein; daher ist $\frac{m}{n} \prec \frac{p}{q} \prec \frac{r}{s}$. Dagegen kann unmöglich $0 \prec \frac{a}{b} \prec 10$ sein, wie es wegen der vorausgesetzten Ähnlichkeit der Abbildung Φ der Fall sein müßte; denn zwischen 0 und 10 liegt ja überhaupt kein Bruch von N'.

Die Hinzufügung eines Elementes zu einer von zwei äquivalenten unendlichen Mengen kann das Bestehen der *Äquivalenz* sicher nicht stören (vgl. S. 16/17 und 19). Unser Beispiel zeigt, daß dies dagegen bei ähnlichen Mengen in bezug auf die *Ähnlichkeit* sehr wohl der Fall sein kann.

4. Wir betrachten einmal eine von links nach rechts ziehende beiderseits unbegrenzte gerade Linie und ferner eine zu ihr parallele gerade Strecke $\overline{AB}$ von der Länge 1 (etwa 1 cm) (vgl. Abb. 7); M sei die Menge aller Punkte der geraden Linie, N die Menge aller Punkte der Strecke *ausschließlich* ihrer beiden Endpunkte. Wir wollen beide

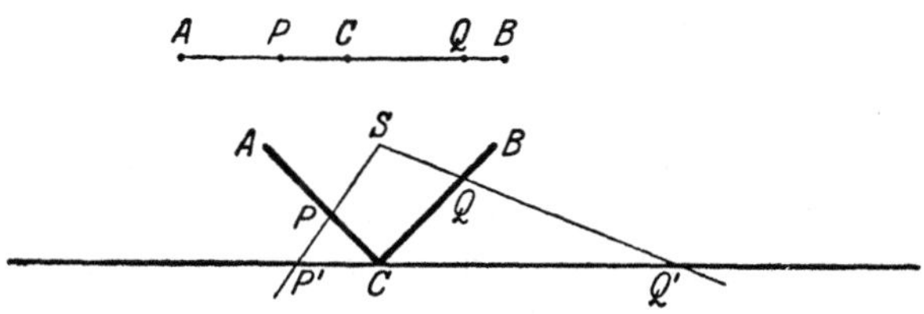

Abb. 7.

Mengen ordnen durch die Vorschrift, für zwei Punkte P und Q der geraden Linie (oder der Strecke) solle $P \prec Q$ gelten, wenn P links von Q liegt, dagegen $P \succ Q$, wenn P rechts von Q gelegen ist. Wir denken uns nun die (etwa durch einen dünnen Draht dargestellte) Strecke in der Mitte rechtwinklig geknickt und die geknickte Strecke ohne Umlegung so an die gerade Linie angelegt, wie es auf S. 38 geschah und in Abb. 7 angedeutet ist. Wie dort ziehen wir von dem Punkte S aus alle möglichen Strahlen, die die geknickte Strecke wie auch die gerade Linie in je einem Punkt schneiden. Eine Abbildung zwischen den Mengen M und N werde nun wie auf S. 39 hergestellt durch die Vorschrift, daß je ein Punkt der Strecke und der geraden Linie, die auf dem nämlichen von S ausgehenden Strahle liegen, einander zugeordnet werden sollen. Diese Abbildung ist ähnlich, wie der Augenschein lehrt. Denn sind P und Q zwei Punkte der Strecke, von denen (in der ursprünglichen Lage der Strecke) P links von Q gelegen ist, so liegt der zu P zugeordnete Punkt P' der geraden Linie links von dem zu Q zugeordneten Punkt Q' der Geraden. M ist also nicht nur äquivalent N, sondern auch ähnlich N.

Diese Zuordnung wird dagegen unmöglich, wenn wir zur Menge N etwa noch den linken Endpunkt A der Strecke $\overline{AB}$ rechnen. Denn bei unserer Zuordnung entspricht dann diesem Punkt kein Punkt der geraden Linie, weil die Verbindungslinie zwischen S und A, die unserer Geraden parallel ist, diese überhaupt nicht schneidet. Es kann aber nach dieser Hinzufügung auch keine *andere* ähnliche Abbildung zwischen den beiden Mengen geben; denn dem Punkte A geht kein Punkt der Strecke voran, während es zu *jedem* Punkt der Geraden noch links von ihm gelegene Punkte der Geraden (sogar unendlich viele) gibt.

Übertragen wir die Verhältnisse dieses Beispiels aus dem Reich der räumlichen Anschauung in das der Zahlen, indem wir die gerade Linie als Zahlengerade, die Strecke als ein beliebiges Stück derselben (etwa von 0 bis 1) mit Ausschluß der Endpunkte betrachten, so erhalten wir das folgende Ergebnis: Ist M die Menge aller der Größe nach geordneten reellen Zahlen, N die Menge der (ebenfalls der Größe nach geordneten) reellen Zahlen zwischen 0 und 1 (oder zwischen irgend zwei reellen Zahlen) unter Ausschluß der Grenzen, so sind beide Mengen ähnlich. Dies ist dagegen nicht mehr der Fall, wenn man zu der zweiten Menge ihre Grenzen oder eine von ihnen hinzurechnet.

5. M sei die Menge aller Punkte einer unbegrenzten Ebene, z. B. einer allseitig ins Unendliche fortgesetzt gedachten Seite dieses Buches. In dieser Ebene sei ein Quadrat von beliebiger Größe gezeichnet (vgl. Abb. 8 auf S. 86), und zwar — um eine bestimmte Vorstellung zu haben — etwa so, daß zwei Quadratseiten genau von links nach rechts, die anderen zwei also genau von unten nach oben verlaufen; N sei die Menge aller innerhalb dieses Quadrats gelegenen Punkte, während die auf den Seiten des Quadrats liegenden Punkte nicht zur Menge N gehören sollen. Beide Mengen mögen durch die nämliche Vorschrift geordnet sein: von zwei Punkten soll derjenige als vorangehend bezeichnet werden, der weiter *links* als der andere gelegen ist; liegt von zwei Punkten der Menge M oder N keiner links vom anderen, d. h. liegen beide Punkte genau untereinander (also auf einer Parallelen zu den von unten nach oben verlaufenden Quadratseiten), so soll derjenige Punkt als dem anderen vorangehend bezeichnet werden, der *unter* dem anderen gelegen ist. Man überzeugt sich, daß unsere Vorschrift die drei Eigenschaften, die von jeder Ordnungsvorschrift gefordert wurden (S. 80), wirklich besitzt; M und N sind also geordnete Mengen.

Um eine ähnliche Abbildung zwischen den beiden Mengen herzustellen, denken wir uns die untere der beiden von links nach rechts verlaufenden und die linke der beiden von unten nach oben verlaufenden Quadratseiten jeweils unbegrenzt nach beiden Seiten verlängert; wir wollen diese zwei geraden Linien, deren Schnittpunkt die linke untere Quadratecke O ist, als *Achsen* unserer Ebene bezeichnen und zwar in der angeführten Reihenfolge als wagerechte und senkrechte Achse. Dann kann jeder Punkt P der Ebene, im besonderen also auch jeder Punkt des Quadrats, genau wie auf S. 70 vollständig bestimmt werden durch Angabe der (etwa in Zentimetern ausgedrückten) Längen y und x der zwei Senkrechten, die von dem Punkte P senkrecht auf die Achsen gefällt werden können[1]). Statt dessen können wir ebensogut den Punkt P bezeichnen durch Angabe des Punktes P_1 auf der wagerechten Achse und des Punktes P_2 auf der senkrechten Achse, in denen die Strecken von den Maßzahlen y und x mit den Achsen zusammentreffen.

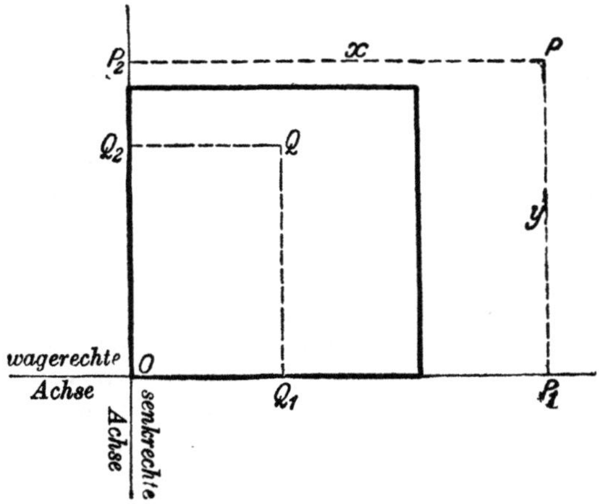

Abb. 8.

Es sei nun P ein ganz beliebiger Punkt der Ebene, P_1 und P_2 die zu ihm gehörigen Punkte auf der wagerechten und der senkrechten Achse; ebenso möge Q einen beliebigen Punkt innerhalb des Quadrats, Q_1 und Q_2 die zu ihm gehörigen Punkte auf den Achsen bezeichnen. Dann liegt Q_1 auf der wagerechten Achse speziell innerhalb der unteren Quadratseite, Q_2 auf der senkrechten Achse speziell innerhalb der linken Quadratseite (jeweils die Quadratecken ausgeschlossen); P_1 und P_2 dagegen können auf den Achsen innerhalb oder außerhalb der Quadratseiten liegen, auch mit Quadratecken zusammenfallen. In Beispiel 4 haben wir eine bestimmte ähnliche Abbildung zwischen der Menge aller Punkte einer unbegrenzten Geraden und der Menge aller Punkte einer Strecke kennengelernt; diese Abbildung benutzen wir jetzt, um in umkehrbar eindeutiger und ähnlicher Weise alle Punkte der wagerechten Achse den Punkten der unteren Quadratseite, alle Punkte der senkrechten Achse den Punkten der linken Quadratseite zuzuordnen. Endlich setzen wir fest: Der Punkt P der Ebene, d. h. der Menge M, soll dem Punkt Q des Quadratinhalts, d. h. der Menge N, dann und nur dann zugeordnet sein, wenn gemäß der soeben angegebenen Zuordnungsvorschrift der Punkt P_1 dem Punkte Q_1 und *gleichzeitig* der Punkt P_2 dem Punkte Q_2 entspricht.

---

[1]) Allerdings ist zur völligen Bestimmung des Punktes P noch die Hinzufügung von Vorzeichen zu den Zahlen x und y nötig, wie der mit der analytischen Geometrie vertraute Leser sofort bemerkt. Die Einführung von Vorzeichen wird aber überflüssig, da die Längen der Strecken sogleich durch ihre Fußpunkte ersetzt werden.

Die sich so ergebende Abbildung zwischen den Mengen *M* und *N* ist ähnlich. Leichter als durch theoretische Überlegungen (die in diesem Fall, ohne eine Schwierigkeit zu bereiten, doch etwas umständlich würden) erkennt dies der Leser dadurch, daß er zwei beliebige Punkte der einen Menge annimmt, die ihnen entsprechenden Punkte der anderen Menge zeichnerisch aufsucht und dann überlegt, daß und aus welchem Grunde die Ordnung des Punktepaares beidemal die nämliche ist. Hierbei ist besondere Aufmerksamkeit dem Falle zuzuwenden, wo die beiden Punkte der einen (und daher auch der anderen) Menge gerade untereinander liegen.

Genau wie wir vom Begriff der Äquivalenz zu dem der Kardinalzahl oder Mächtigkeit kamen (S. 41), gelangen wir jetzt vom Begriff der Ähnlichkeit zu dem des „Ordnungstypus". Wir wollen nämlich das Gemeinsame, was jeweils allen untereinander ähnlichen geordneten Mengen eigentümlich ist, ihren Ordnungstypus nennen. Die Aussage „zwei geordnete Mengen besitzen den nämlichen Ordnungstypus" ist also nur eine andere Ausdrucksweise für die Tatsache, daß die beiden Mengen ähnlich sind. Liegt eine bestimmte geordnete Menge vor, so erhalten wir, wenn wir von der speziellen Natur ihrer Elemente absehen, den Ordnungstypus; lassen wir auch noch die Anordnung der Elemente außer acht, so gelangen wir zur Kardinalzahl (vgl. die Beispiele des § 2, S. 3ff.).

Da zwei äquivalente *endliche* Mengen stets ähnlich sind (vgl. S. 82), so fallen die endlichen Kardinalzahlen mit den Ordnungstypen der endlichen Mengen zusammen; wir können daher auch diese „endlichen Ordnungstypen" mit 1, 2, 3 usw. bezeichnen. Z. B. ist 3 der Ordnungstypus der Menge $\{1, 2, 3\}$ oder der Menge $\{a, b, c\}$, wo a, b, c beliebig sind. Die Ordnungstypen unendlicher Mengen pflegt man mit kleinen griechischen Buchstaben zu bezeichnen. So ist ω der Ordnungstypus jeder *abgezählten* unendlichen Menge, also z. B. der Menge der natürlichen Zahlen in der gewöhnlichen Reihenfolge; der umgekehrte Ordnungstypus, also der der Menge $(\ldots, 4, 3, 2, 1)$ wird mit $^*\omega$ bezeichnet, wie überhaupt für den Ordnungstypus der geordneten Menge, die aus einer Menge vom Ordnungstypus μ durch Umkehrung der Ordnung entsteht, die Schreibweise $^*\mu$ üblich ist.

In den Ordnungstypen unendlicher Mengen können wir ebenso wie in ihren Kardinalzahlen „unendliche Größen" erblicken. Es soll daher noch kurz auf das *Rechnen mit Ordnungstypen* eingegangen werden, das ebenso bestimmt erklärt und ausgeführt werden kann wie das Rechnen mit Kardinalzahlen. Dagegen bleiben die Rechenregeln, die für das Rechnen mit gewöhnlichen Zahlen gelten und die sich auch beim Rechnen mit Kardinalzahlen als gültig erwiesen haben, beim Rechnen mit Ordnungstypen nicht mehr vollständig, sondern nur zum Teil bestehen. Wir wollen uns übrigens im wesentlichen auf die *Addition* der Ordnungstypen beschränken, deren Kenntnis uns auch im nächsten Paragraphen von Nutzen sein wird.

M sei eine geordnete Menge vom Ordnungstypus μ, ferner N eine geordnete Menge vom Ordnungstypus ν, die zu M elementefremd ist, also kein Element von M enthält[1]). Wir bilden dann die Vereinigungsmenge der beiden Mengen (S. 56) und ordnen sie durch folgende Vorschrift: sind m_1 und m_2 Elemente aus M und besteht in M die Beziehung $m_1 \prec m_2$, so soll auch in der Vereinigungsmenge $m_1 \prec m_2$ gelten; sind n_1 und n_2 Elemente aus N und ist in N $n_1 \prec n_2$, so soll die nämliche Beziehung in der Vereinigungsmenge bestehen; ist endlich m irgendein Element von M, n irgendein Element von N, so soll in der Vereinigungsmenge $M + N$ stets $m \prec n$ gelten. Mit anderen Worten: Die Ordnung der Elemente von M und von N soll in der Vereinigungsmenge beibehalten werden, dagegen sollen alle Elemente von M allen Elementen von N in der Vereinigungsmenge $M + N$ vorangehen. Die durch diese Vorschrift geordnete Vereinigungsmenge S wird als die Summe der geordneten Mengen M und N (in dieser Reihenfolge), der Ordnungstypus σ der geordneten Menge S als die Summe der Ordnungstypen μ und ν (in dieser Reihenfolge) bezeichnet; man schreibt:

$$S = M + N, \qquad \sigma = \mu + \nu .$$

Sind M_1, M_2, N_1, N_2 lauter geordnete Mengen, von denen M_1 und N_1, ferner M_2 und N_2 gegenseitig elementefremd sind, und ist $M_1 \simeq M_2$, $N_1 \simeq N_2$, so ist auch $M_1 + N_1 \simeq M_2 + N_2$, wie man sich durch Zusammenfassung je einer zwischen M_1 und M_2 einerseits, zwischen N_1 und N_2 andererseits bestehenden ähnlichen Abbildung überzeugt. Dies mußte auch der Fall sein, wenn die obige

[1]) Diese Beschränkung ist deshalb nötig, weil sonst möglicherweise die Reihenfolge zweier in beiden Mengen vorkommender Elemente beidemal die entgegengesetzte ist, so daß es unmöglich wird, die Reihenfolge in der Summe beizubehalten.

Definition der Addition zweier Ordnungstypen μ und ν einen bestimmten Sinn haben sollte, unabhängig von der besonderen Wahl der geordneten Mengen M und N (vgl. S. 59).

Beispiele zur Addition zweier Ordnungstypen. 1. Es ist $\{1, 2, 3\} + \{4, 5, 6, 7, 8\} = \{1, 2, 3, 4, 5, 6, 7, 8\}$ und $\{4, 5, 6, 7, 8\} + \{1, 2, 3\} = \{4, 5, 6, 7, 8, 1, 2, 3\}$. Gehen wir von den Mengen zu ihren Ordnungstypen über, so ergeben sich also zwischen den endlichen Ordnungstypen 3, 5, 8 die folgenden Beziehungen: $3 + 5 = 8$ und $5 + 3 = 8$.

Man sieht leicht ein, daß entsprechende Beziehungen für beliebige endliche Ordnungstypen bestehen und daß demnach ebenso wie für endliche *Kardinalzahlen* der Satz gilt: Die Summe zweier endlicher Ordnungstypen ist wieder ein endlicher Ordnungstypus, und zwar ist diese Summe unabhängig von der Reihenfolge der Summanden.

2. M sei die geordnete unendliche Menge $\{2, 3, 4, \ldots\}$, N die Menge $\{1\}$; der Ordnungstypus von M ist ω (S. 87), der von N ist 1. Der Ordnungstypus der Summe $\{2, 3, 4, \ldots\ 1\}$, in der auf eine abgezählte unendliche Menge ein weiteres Element folgt, ist gemäß der Definition der Addition $\omega + 1$. Dieser Ordnungstypus, bei dem ein *letztes* Element auftritt, ist sicherlich verschieden vom Ordnungstypus ω, bei dem kein letztes Element vorkommt. Wird dagegen bei der Addition die Menge N vorangestellt, so erhält man als Summe die geordnete Menge $\{1, 2, 3, 4, \ldots\}$, d. h. wiederum eine abgezählte unendliche Menge; daher ist $1 + \omega = \omega$. Es ist also $\omega + 1$ verschieden von $1 + \omega$.

Man erkennt auf die nämliche Weise, daß $\omega + 1$, $\omega + 2$, $\omega + 3$ usw. lauter verschiedene Ordnungstypen sind, daß dagegen für jeden endlichen Ordnungstypus e stets gilt: $e + \omega = \omega$. Ebenso sind offenbar $1 + {}^*\omega$, $2 + {}^*\omega$, $3 + {}^*\omega$ usw. lauter verschiedene Ordnungstypen, während ${}^*\omega + e = {}^*\omega$ ist für jeden endlichen Ordnungstypus e.

3. Durch Addition der geordneten Mengen $\{1, 3, 5, \ldots\}$ und $\{2, 4, 6, \ldots\}$ erhält man die geordnete Menge $\{1, 3, 5, \ldots\ 2, 4, 6, \ldots\}$, deren Ordnungstypus also mit $\omega + \omega$ zu bezeichnen ist. Fügt man noch eine endliche Menge, etwa $\{\frac{1}{2}, \frac{1}{3}, \frac{1}{4}\}$ hinzu, so erhält man je nach der Stelle, an der diese Menge als Summand eingesetzt wird, die Beziehungen

$$3 + \omega + \omega = \omega + \omega\,, \qquad \omega + 3 + \omega = \omega + \omega\,,$$

während der Ordnungstypus $\omega + \omega + 3$ sich nicht mehr vereinfachen läßt. Ebenso ist offenbar für jeden endlichen Ordnungstypus e

$$e + \omega + \omega = \omega + \omega = \omega + e + \omega ,$$

während $\omega + \omega$, $\omega + \omega + 1$, $\omega + \omega + 2$, $\omega + \omega + 3$ usw. lauter verschiedene Ordnungstypen sind.

4. Durch Addition einer Menge vom Ordnungstypus $^*\omega$ und einer Menge vom Ordnungstypus ω, z. B. der Mengen $\{\ldots, -3, -2, -1, 0\}$ und $\{1, 2, 3, \ldots\}$, erhält man eine Menge vom Ordnungstypus $^*\omega + \omega$; dies ist also der Ordnungstypus der Menge aller ganzen Zahlen in der natürlichen Reihenfolge: $\{\ldots, -3, -2, -1, 0, 1, 2, 3, \ldots\}$. Dieser Ordnungstypus ändert sich offenbar nicht, wenn zwischen der ersten und der zweiten Menge eine beliebige *endliche* Menge als Summand eingeschoben wird, deren Elemente man sich nach Belieben mit denen der ersten Menge (am Ende) oder mit denen der zweiten (am Anfang) vereinigt denken kann; es ist also für jeden endlichen Ordnungstypus e stets $^*\omega + e + \omega = {}^*\omega + \omega$. Dagegen erkennt man genau wie bei den zwei letzten Beispielen, daß $e + {}^*\omega + \omega$ und $^*\omega + \omega + e$ für alle endlichen Ordnungstypen e lauter untereinander (und natürlich auch von $^*\omega + \omega$) verschiedene Ordnungstypen darstellen.

Weitere Beispiele für die Addition von Ordnungstypen werden uns im nächsten Paragraphen entgegentreten.

Wir haben bei den Beispielen 3. und 4. schon stillschweigend die Rechenregel

$$(\alpha + \beta) + \gamma = \alpha + (\beta + \gamma)$$

benutzt, die besagt, daß es bei der Addition von drei Ordnungstypen α, β, γ gleichgültig ist, in welcher Weise je zwei Summanden zusammengefaßt werden. Diese Tatsache geht aus der Definition der Addition von Ordnungstypen ohne Schwierigkeit hervor, wie sich der Leser leicht klarmacht; sie berechtigt uns, für jene Summe auch (unter Weglassung der Klammern) $\alpha + \beta + \gamma$ zu schreiben, wie wir dies bereits getan haben, und diese Schreibweise ist auch im Einklang mit der untenstehenden Definition der Addition von mehr als zwei Ordnungstypen. Dagegen gilt die für gewöhnliche Zahlen m und n (wie auch für beliebige Kardinalzahlen) bestehende Regel $m + n = n + m$ für die Addition von geordneten unendlichen Mengen und von Ordnungstypen unendlicher Mengen nicht allgemein, wie unsere Beispiele zeigen; bei der Addition solcher Ordnungstypen darf also die Reihenfolge der Summanden nicht miteinander vertauscht werden.

Ganz analog wie bei der Addition der Kardinalzahlen läßt sich nun die Definition der Addition von zwei Ordnungstypen auf eine beliebige Menge von Ordnungstypen übertragen. Man wird also festsetzen:

Definition. Gegeben sei eine beliebige *geordnete* Menge $M = \{\ldots \alpha \ldots \beta \ldots \gamma \ldots\}$, deren Elemente α, β, γ, ... lauter Ordnungstypen seien (die geordnete Menge M braucht natürlich keineswegs etwa ein *erstes* Element oder zu jedem ihrer Elemente einen unmittelbaren Nachfolger zu enthalten). Um die Summe der Ordnungstypen der Menge M zu bilden, wähle man zu jedem Ordnungstypus $\alpha, \beta, \gamma, \ldots$ aus M je eine beliebige geordnete Menge A vom Ordnungstypus α, B vom Ordnungstypus β, C vom Ordnungstypus γ usw., und zwar derart, daß niemals ein und dasselbe Element in mehreren der gewählten Mengen gleichzeitig vorkommt. Wir bilden dann die Vereinigungsmenge $S = \cdots + A + \cdots + B + \cdots + C + \cdots$ und ordnen sie durch die Festsetzung, daß für die Ordnungsbeziehung je zweier Elemente aus *verschiedenen* der Mengen A, B, C, ... stets die Ordnung der zugehörigen Ordnungstypen in M maßgebend sein möge, daß also die Elemente von A denen von B, die Elemente von B denen von C vorangehen sollen usw.; die Ordnung der Elemente *jeder einzelnen* der geordneten Mengen A, B, C, ... untereinander soll dagegen unverändert in die Vereinigungsmenge S übernommen werden. Dann wird der Ordnungstypus σ der geordneten Menge S als die S u m m e d e r O r d n u n g s t y p e n d e r M e n g e M bezeichnet; man schreibt:

$$\sigma = \cdots + \alpha + \cdots + \beta + \cdots + \gamma + \cdots .$$

Wiederum ist leicht zu erkennen, daß das Ergebnis der Addition davon unabhängig ist, welche besonderen geordneten Mengen A, B, C, ... als Vertreterinnen der Ordnungstypen α, β, γ, ... gewählt werden; bei anderer Auswahl erhält man nämlich eine geordnete Vereinigungsmenge S', die der geordneten Menge S ähnlich ist.

Ohne näher auf die *Multiplikation* der Ordnungstypen eingehen zu wollen, bemerken wir nur, in welcher Art eine Spezialisierung der Verhältnisse, wie sie bei der soeben angegebenen Definition auftraten, naturgemäß zum Produkt zweier Ordnungstypen führt. Besitzt nämlich die in der Definition vorangestellte geordnete Menge M den Ordnungstypus μ und sind die in M enthaltenen Ordnungstypen α, β, γ, ... alle gleich α[1]), so erhalten wir in σ eine Summe von lauter gleichen Summanden α, die in der Kardinalzahl und Anordnung der geordneten Menge M auftreten. Entsprechend der Erklärung der Multiplikation in der Arithmetik als einer wiederholten Addition bezeichnet man dann σ als das **Produkt der Ordnungstypen α und μ** (in dieser Reihenfolge) und schreibt:

$$\sigma = \alpha \cdot \mu .$$

Ist z. B. $\alpha = \omega$, $\mu = 2$, so erhält man $\sigma = \omega + \omega = \omega \cdot 2$ etwa als den Ordnungstypus der Menge

$$\{1, 3, 5, \ldots 2, 4, 6, \ldots\}.$$

Ist dagegen $\alpha = 2$, $\mu = \omega$, so ergibt sich $\sigma = 2 + 2 + 2 + \cdots = 2 \cdot \omega$ etwa als der Ordnungstypus der Menge

$$\{a, b, a_1, b_1, a_2, b_2, \ldots\},$$

d. h. einer abgezählten unendlichen Menge. Da der Ordnungstypus aller (untereinander ausnahmslos ähnlichen) abgezählten Mengen mit ω bezeichnet werden sollte, haben wir damit erkannt, daß $2 \cdot \omega = \omega$ ist. Bei der Multiplikation zweier Ordnungstypen darf also die Reihenfolge der Faktoren nicht vertauscht werden; vielmehr ist daran festzuhalten, daß der erste Faktor den Ordnungstypus angibt, der wiederholt zu addieren ist („Multiplikand"), während der zweite Faktor ausdrückt, „wie oft" und in welcher Anordnung diese wiederholte Addition ausgeführt werden soll („Multiplikator")[2]).

Weitere Beispiele für die Multiplikation von Ordnungstypen werden wir im Laufe der nächsten Überlegungen (S. 107 und 110) kennen lernen.

---

[1]) Formal können sie ja in der Bezeichnung durch Indizes oder dgl. voneinander unterschieden werden.

[2]) Übrigens ist diese Festsetzung der Reihenfolge in der Literatur nicht völlig einheitlich.

§ 10. Lineare Punktmengen[1]).

Wir wollen uns jetzt des Begriffs der geordneten Menge zu einigen Überlegungen bedienen, die zwar nicht unmittelbar auf die Definition „unendlicher Größen" gerichtet sind, aber uns auf anschauliches Gebiet führen und zeigen, wie uns die Methoden der Mengenlehre gleich einem Mikroskop von unendlicher Vergrößerung noch Feinheiten unterscheiden lassen, die sich dem Auge des ohne Mengenlehre arbeitenden Geometers vollkommen entziehen.

Wir gehen aus von einer beiderseits unbegrenzten geraden Linie, die der Einfachheit halber von links nach rechts verlaufen möge. Um die Punkte der Geraden kurz bezeichnen zu können, denken wir sie uns als Zahlengerade; jede reelle Zahl stellt dann auch einen gleichbezeichneten Punkt der Geraden dar. Wir betrachten die Menge M aller Punkte der Geraden und ordnen sie durch die Festsetzung, daß $\prec$ als „links von" erklärt werden soll; zwischen zwei Punkten P und Q unserer Menge besteht also die Beziehung $P \prec Q$ oder $P \succ Q$, je nachdem P links von Q oder rechts von Q liegt. Alle folgenden Überlegungen betreffen Teilmengen der geordneten Punktmenge M, die sämtlich geordnet sind durch die Ordnungsvorschrift, welche in M gilt. Jede gewonnene Erkenntnis über unsere Menge oder über Teilmengen von ihr liefert uns gleichzeitig ein Ergebnis über Mengen reeller Zahlen, wenn wir von den Punkten zu den sie bezeichnenden Zahlen übergehen und diese, wie es stets geschehen soll, ihrer Größe nach angeordnet denken.

Wir beginnen mit einigen Definitionen, in denen „Punktmenge" (genauere Bezeichnung: „lineare Punktmenge") stets eine beliebige, aber mindestens drei Punkte enthaltende (geordnete) Teilmenge unserer geordneten Menge M bedeuten soll. Man erklärt:

Definition 1. Eine Punktmenge N heißt *überall dicht* oder auch schlechthin *dicht*, wenn zwischen je zwei Punkten von N stets ein weiterer Punkt von N liegt.

Sind P_1 und P_2 zwei beliebige Punkte einer überall dichten Punktmenge N und ist etwa $P_1 \prec P_2$, so gibt es demnach einen Punkt P_3 von N von der Eigenschaft $P_1 \prec P_3 \prec P_2$, ebenso

[1]) Dieser Paragraph kann ohne Beeinträchtigung des Verständnisses alles später Folgenden überschlagen werden. Auch die in den Definitionen dieses Paragraphen eingeführten Begriffe und Bezeichnungen werden im folgenden nicht mehr benutzt werden.

Punkte P_4 und P_5, für die die Beziehungen $P_1 \prec P_4 \prec P_3 \prec P_5 \prec P_2$ gelten, und so unbegrenzt weiter. Zwischen je zwei Punkten einer überall dichten Punktmenge liegen also stets unendlich viele Punkte der Menge; um so mehr ist jede überall dichte Punktmenge eine unendliche Menge.

Definition 2. Wird eine Punktmenge N derart in zwei Teilmengen N_1 und N_2 eingeteilt, daß erstens jeder Punkt von N einer, aber auch nur einer einzigen der Mengen N_1 und N_2 angehört, zweitens jede der Mengen N_1 und N_2 mindestens einen Punkt enthält (also keine von ihnen die Nullmenge ist) und drittens alle Punkte der Menge N_1 links von allen Punkten der Menge N_2 gelegen sind, so nennt man diese Einteilung einen *Schnitt* $N_1 | N_2$ *in der Menge* N[1]. Besitzt die Menge N_1 einen letzten Punkt (rechtsseitigen Endpunkt) P_1 oder die Menge N_2 einen ersten Punkt (linksseitigen Endpunkt) P_2, so sagt man von dem Punkte P_1 bzw. P_2 bzw. von jedem von beiden, er *erzeuge den Schnitt* $N_1 | N_2$. Diese Ausdrucksweise beruht darauf, daß man in diesen Fällen den Schnitt $N_1 | N_2$ einfach folgendermaßen erklären kann: zu N_2 gehören alle Punkte von N, die rechts von P_1 liegen, zu N_1 alle übrigen Punkte von N — bzw.: zu N_1 gehören alle Punkte von N, die links von P_2 liegen, alle anderen zu N_2.

Ist $N_1 | N_2$ ein beliebiger Schnitt in N, so besteht offenbar im Sinn der Addition geordneter Mengen (S. 88) die Beziehung: $N = N_1 + N_2$.

Für einen beliebigen Schnitt $N_1 | N_2$ in N sind folgende vier einander ausschließende Fälle möglich: 1. N_1 besitzt einen letzten und N_2 einen ersten Punkt; 2. N_1 besitzt einen letzten, aber N_2 keinen ersten Punkt; 3. N_1 besitzt keinen letzten, wohl aber N_2 einen ersten Punkt; oder endlich 4. weder besitzt N_1 einen letzten noch N_2 einen ersten Punkt. Aus Gründen, die bei den alsbald anzuführenden Beispielen erhellen werden, nennt man den Schnitt $N_1 | N_2$ im ersten Fall einen *Sprung in der Menge* N, im vierten Fall eine *Lücke in der Menge* N; im zweiten und dritten Fall dagegen spricht man von einem *stetigen Schnitt.* Im ersten und zweiten Fall wird der Schnitt $N_1 | N_2$ durch den letzten Punkt

---

[1]) Der für die Grundlegung der Arithmetik (Theorie der irrationalen Zahlen) wie auch der Geometrie überaus wichtige Begriff des „Schnittes" ist von DEDEKIND in seiner Schrift „Stetigkeit und irrationale Zahlen" (Braunschweig 1872, 3. Aufl. 1905) eingeführt worden.

von N_1, im ersten und dritten Fall durch den ersten Punkt von N_2 erzeugt, während es im vierten Fall keinen Punkt von N gibt, der den Schnitt erzeugt.

Der Aufstellung weiterer Definitionen seien einige Beispiele vorangeschickt, die den Sinn der bisherigen Erklärungen veranschaulichen sollen.

1. Sind P_1 und P_2 irgend zwei Punkte auf unserer Geraden, d. h. irgend zwei Punkte der Punktmenge M, so sei N die Menge aller Punkte zwischen P_1 und P_2. Sie ist überall dicht, und zwar gleichviel, ob man die Punkte P_1 und P_2 oder einen von ihnen zur Menge N rechnet oder nicht; denn zwischen je zwei Punkten von N liegt in jedem dieser Fälle stets ein weiterer Punkt von N. Auch die Menge *aller* Punkte der Geraden, d. h. die Menge M selbst, ist überall dicht.

2. Sind P_1 und P_2 irgend zwei Punkte auf unserer Geraden, so sei N die Menge aller derjenigen Punkte zwischen P_1 und P_2, die durch rationale Zahlen bezeichnet werden. Auch diese Menge ist überall dicht, und zwar ebenfalls unabhängig davon, ob P_1 oder P_2 oder beide Punkte zu N gerechnet werden oder nicht; denn zwischen zwei verschiedenen rationalen Zahlen (und sogar, wie sich auf S. 98f. zeigen wird, zwischen zwei verschiedenen reellen Zahlen) liegt stets eine weitere rationale Zahl (z. B. das arithmetische Mittel der gegebenen rationalen Zahlen). Im besonderen ist aus demselben Grund auch die Menge *aller* durch rationale Zahlen bezeichneten Punkte auf unserer Geraden überall dicht.

3. P sei ein beliebiger Punkt der Menge M aller Punkte der Geraden. Teilen wir M in zwei Teilmengen M_1 und M_2 durch die Festsetzung, daß zu M_1 alle links von P gelegenen Punkte, zu M_2 dagegen alle rechts von P gelegenen Punkte einschließlich des Punktes P selbst gehören sollen, so erhalten wir einen Schnitt $M_1 | M_2$ in der Menge M; der Schnitt wird durch den Punkt P erzeugt. Genau das nämliche ist der Fall, wenn wir den Punkt P zu M_1 statt zu M_2 rechnen. In beiden Fällen ist der entstandene Schnitt stetig.

Rechnen wir dagegen P weder zu M_1 noch zu M_2, so ist $M_1 | M_2$ ein Schnitt in derjenigen Teilmenge N von M, die aus M durch Fortlassung des einzigen Punktes P entsteht. Dieser Schnitt $M_1 | M_2$ in N ist eine Lücke. Denn ist P_1 irgendein Punkt von M_1, d. h. ein links von P gelegener Punkt der Menge M, so gehört jeder zwischen P_1 und P liegende Punkt von M — da links von P gelegen — sicherlich zu M_1; andererseits liegt jeder solche Punkt rechts von P_1, so daß P_1 jedenfalls nicht der letzte Punkt von M_1 ist. Ist ferner P_2 irgendein Punkt von M_2, d. h. ein rechts von P gelegener Punkt von M, so ist genau ebenso einzusehen, daß P_2 nicht der erste Punkt von M_2 ist. Kurz gesagt: zu jedem Punkt von M_1 gibt es noch weiter rechts gelegene Punkte von M_1, zu jedem Punkt von M_2 aber auch noch weiter links gelegene Punkte von M_2. Nach S. 94 ist daher $M_1 | M_2$ eine Lücke in N. Diese Ausdrucksweise besagt anschaulich, daß in der Menge N gewissermaßen noch ein Punkt (in unserem Fall der Punkt P) „fehlt", der bei seiner Aufnahme in die Menge N den Schnitt $M_1 | M_2$ erzeugen würde.

4. P_1 und P_2 seien zwei beliebige Punkte auf unserer Geraden, es liege etwa P_1 links von P_2 (vgl. Abb. 9). N sei die Menge, die aus allen Punkten links von P_1 und allen Punkten rechts von P_2 besteht, die Punkte P_1 und P_2 eingeschlossen. Erklärt man N_1 als die Menge aller links von P_1 gelegenen Punkte von N unter Einschluß von P_1, N_2 als die Menge aller rechts von P_2 gelegenen Punkte von N unter Einschluß von P_2, so ist $N_1 | N_2$ ein Schnitt in der geordneten Menge N. Dann liegt kein Punkt von N_1 rechts von P_1, kein Punkt von N_2 links von P_2; P_1 ist also der letzte Punkt von N_1, P_2 der erste Punkt von N_2. Daher ist $N_1 | N_2$ ein Sprung in N. Die Bezeichnung erklärt sich daraus, daß zwischen P_1 und P_2 überhaupt kein Punkt von N liegt, diese Menge also gewissermaßen einen Sprung von P_1 nach P_2 macht.

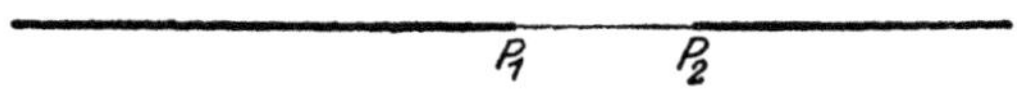

Abb. 9.

Rechnet man dagegen den Punkt P_2 nicht zur Menge N (also auch nicht zu N_2), so ist der Schnitt $N_1 | N_2$ in N weder ein Sprung noch eine Lücke, sondern stetig; N_1 hat dann ein letztes Element P_1, N_2 aber kein erstes Element. Die so erklärte Teilmenge N von M ist der geordneten Punktmenge M selbst ähnlich; man überzeugt sich davon, indem man genau entsprechend wie in Beispiel 3 auf S. 83 die in N_2 enthaltenen Punkte von N den rechts von P_1 liegenden Punkten von M ähnlich zuordnet, während P_1 und alle links von P_1 gelegenen Punkte sich selber zugeordnet werden. Ist z. B. P_1 der Punkt 0, P_2 der Punkt 10, so entspricht 0 und jeder durch eine negative Zahl bezeichnete Punkt von M und N sich selber; ist dagegen a eine positive Zahl, so ist der Punkt a von M dem Punkte $a + 10$ von N zugeordnet und umgekehrt. Obgleich also in der Menge N alle Punkte von M zwischen 0 und 10 (letzteren eingeschlossen) gewissermaßen ausgelassen sind, ist doch im Sinn der Ähnlichkeit kein Unterschied zwischen M und N feststellbar; vom Standpunkt der bloßen Anordnung aus ist die Punktmenge N ebenso stetig wie die Menge M *aller* Punkte der Geraden. Das Nämliche gilt, wenn der Punkt P_2 (10) zur Menge N hinzugefügt, aber dafür der Punkt P_1 (0) weggelassen wird.

5. N sei die Menge aller durch rationale Zahlen bezeichneten Punkte auf unserer Geraden. Der Schnitt $N_1 | N_2$ werde folgendermaßen erklärt: Zu N_2 soll jeder Punkt gerechnet werden, der durch eine positive rationale Zahl $\frac{m}{n}$ bezeichnet ist, deren Quadrat $\frac{m^2}{n^2}$ größer ist als die Zahl 2; alle anderen Punkte von N sollen zu N_1 gehören, also zunächst diejenigen durch positive rationale Zahlen $\frac{m}{n}$ bezeichneten Punkte, für die $\frac{m^2}{n^2}$ kleiner ist als 2, dann der Punkt 0 und alle durch negative rationale Zahlen bezeichneten Punkte. Wir werden sehen: N_1 hat kein letztes und N_2 kein erstes Element; es gibt also keinen Punkt von N, der den Schnitt $N_1 | N_2$ in N erzeugt, und dieser Schnitt ist somit eine Lücke.

Zunächst kann sicherlich weder der Punkt 0 noch ein durch eine negative rationale Zahl bezeichneter Punkt den Schnitt erzeugen, weil ja z. B. der zu N_1 gehörige Punkt 1 rechts von all diesen Punkten liegt. Es kann für die Erzeugung des Schnittes also nur ein Punkt in Betracht kommen, der durch eine positive rationale Zahl $\frac{m}{n}$ bezeichnet wird. Da es bekanntlich keine rationale Zahl gibt, deren Quadrat die Zahl 2 ist[1]), so können wir die zwei Fälle unterscheiden, daß erstens $\frac{m^2}{n^2}$ kleiner als 2 oder zweitens $\frac{m^2}{n^2}$ größer

[1]) Diese Tatsache läßt sich (so z. B. bei EUCLID) folgendermaßen einsehen: Eine beliebige gerade natürliche Zahl kann man offenbar in der Form $2p$ schreiben, eine beliebige ungerade Zahl in der Form $2q + 1$, wo p und q

als 2 ist. Im ersten Fall gibt es Punkte von N_1, die rechts von $\frac{m}{n}$ liegen, im zweiten Fall Punkte von N_2, die links von $\frac{m}{n}$ liegen; dies läßt sich auf folgende Weise erkennen:

Ist $\frac{m^2}{n^2}$ kleiner als 2, so liegt in der Punktmenge M, d. h. auf unserer Geraden, der Punkt $\frac{m}{n}$ links von dem (in N nicht vorkommenden) Punkt $\sqrt{2}$ von M; dabei bedeutet $\sqrt{2}$ die (zwar nicht als gemeiner Bruch, wohl aber als unendlicher Dezimalbruch in der Form 1,4142 ... darstellbare) positive reelle Zahl, deren Quadrat die Zahl 2 ist. Nun liegt zwischen irgend zwei verschiedenen reellen Zahlen stets eine rationale Zahl[1]) (sogar unendlich viele

---

natürliche Zahlen bedeuten. Wir wollen annehmen, das Quadrat des Bruches $\frac{m}{n}$ wäre 2, und setzen dabei wie stets voraus, daß die ganzen Zahlen m und n keinen gemeinsamen Teiler besitzen, durch den man ja sonst Zähler und Nenner kürzen könnte. Aus $\frac{m^2}{n^2} = 2$ folgt $m^2 = 2n^2$, d. h. m^2 ist eine gerade Zahl; daher ist auch m gerade, weil das Quadrat einer ungeraden Zahl wieder ungerade ist. Da also m durch 2 teilbar ist, etwa $m = 2p$, so kann n nicht gleichfalls durch 2 teilbar sein; n ist also ungerade. Andererseits folgt aus $4p^2 = 2n^2$, daß $n^2 = 2p^2$, also n gerade ist. Das so erhaltene widerspruchsvolle Ergebnis, wonach n gleichzeitig ungerade und gerade sein müßte, zeigt, daß die Annahme $\frac{m^2}{n^2} = 2$, von der wir ausgingen, falsch sein muß; die Quadratwurzel aus 2 ist keine rationale, sondern eine sogen. irrationale Zahl.

[1]) Diese später (S. 108/109) nochmals benutzte Tatsache läßt sich unter Verwendung der einfachsten Eigenschaften der Dezimalbrüche z. B. folgendermaßen beweisen: Es sei A die kleinere, B die größere der zwei gegebenen, der Einfachheit halber als positiv angenommenen reellen Zahlen. Liegt zwischen A und B eine ganze Zahl, so ist diese eine zwischen A und B gelegene rationale Zahl. Ist das nicht der Fall, so schreiben wir A, wenn möglich, als abbrechenden, sonst als unendlichen Dezimalbruch, dagegen B jedenfalls als unendlichen Dezimalbruch; A und B treten also auf in der Form

$$A = m, a_1 a_2 a_3 a_4 \ldots, \qquad B = m, b_1 b_2 b_3 b_4 \ldots,$$

wobei m eine beliebige (aber beidemal die nämliche) positive ganze Zahl (oder Null) bedeutet und a_1, b_1, a_2, b_2 usw. lauter Ziffern der Reihe $0, 1, 2, \ldots, 9$ sind; im besonderen werden bei A nicht etwa schließlich lauter Neunen, bei B nicht schließlich lauter Nullen auftreten. Dann kann eine gewisse Folge gleichnumerierter Ziffernpaare: a_1 und b_1, a_2 und b_2, a_3 und b_3 usw. möglicherweise aus paarweise gleichen Ziffern bestehen, also rationale Zahlen); ist $\frac{p}{q}$ eine zwischen $\frac{m}{n}$ und $\sqrt{2}$ gelegene rationale Zahl, so ist $\frac{p^2}{q^2}$ kleiner als 2, weil $\frac{p}{q}$ kleiner ist als $\sqrt{2}$. Da also der Punkt $\frac{p}{q}$, der rechts von $\frac{m}{n}$ liegt, noch zu N_1 gehört, ist $\frac{m}{n}$ sicher nicht der letzte Punkt von N_1. Genau entsprechend ergibt sich, falls $\frac{m^2}{n^2}$ größer ist als 2, ein zu N_2 gehöriger Punkt $\frac{p}{q}$, der links von dem Punkte $\frac{m}{n}$ liegt; $\frac{m}{n}$ kann also auch nicht der erste Punkt von N_2 sein. Es enthält also weder N_1 einen letzten noch N_2 einen ersten Punkt, d. h. der Schnitt $N_1|N_2$ in N ist wirklich eine Lücke.

Dies ändert sich jedoch sogleich, falls wir auch noch den Punkt $\sqrt{2}$ von M in die Menge N aufnehmen. Gleichviel ob wir dann diesen Punkt zu N_1 oder zu N_2 rechnen, jedenfalls wird der Punkt $\sqrt{2}$ den Schnitt $N_1|N_2$ in N erzeugen. Denn in beiden Fällen besteht z. B. N_2 aus allen rechts von $\sqrt{2}$ gelegenen Punkten von N und nur aus ihnen (evtl. unter Einschluß des Punktes $\sqrt{2}$

$a_1 = b_1$, $a_2 = b_2$ usw.; jedenfalls gibt es aber eine natürliche Zahl n (die auch schon 1 sein kann) von der Eigenschaft, daß a_n und b_n die beiden ersten an gleicher Stelle stehenden Ziffern sind, die sich voneinander unterscheiden (a_n verschieden von b_n); ist schon a_1 verschieden von b_1, so ist $n = 1$. Wir wollen etwa annehmen, es sei $n = 4$; dann ist $a_1 = b_1$, $a_2 = b_2$, $a_3 = b_3$, aber a_4 verschieden von b_4 und zwar, da A kleiner als B sein sollte, a_4 kleiner als b_4; dies ist beispielsweise der Fall für $A = 27,2534$, $B = 27,2537272\ldots$. Dann liegt z. B. die Zahl

$$C = m,\, b_1 b_2 b_3 b_4 \text{ (in unserem Beispiel die Zahl } C = 27,2537)$$

zwischen A und B; denn C ist zunächst größer als A, weil b_4 größer ist als a_4 und auf a_4 nicht lauter Neunen folgen; andererseits aber ist C kleiner als B, da der Dezimalbruch B unendlich sein sollte, also die auf b_4 folgenden Ziffern b_5, b_6 usw. keinesfalls lauter Nullen sind. Da endlich $C = m + \frac{1000 \cdot b_1 + 100 \cdot b_2 + 10 \cdot b_3 + b_4}{10000}$ eine rationale Zahl ist, so haben wir in der Tat zwischen den zwei beliebig gegebenen reellen Zahlen A und B eine rationale Zahl C nachgewiesen.

Für das Wesen und die Eigenschaften der Dezimalbrüche sowie für die *keineswegs selbstverständliche* Tatsache, daß jede reelle Zahl als Dezimalbruch darstellbar ist, sei der Leser nochmals auf das auf S. 31 angeführte Buch verwiesen. Dort findet er auch eine ausführlichere Darstellung der hier nur flüchtig berührten Lehre von den Schnitten.

selbst); liegt nämlich der Punkt $\frac{m}{n}$ $\left(\frac{m}{n}\right.$ positive rationale Zahl$\left.\right)$ rechts von $\sqrt{2}$, so besagt dies, daß $\frac{m}{n}$ größer ist als $\sqrt{2}$, d. h. $\frac{m^2}{n^2}$ ist wirklich größer als 2, wie dies das Kennzeichen der Punkte von N_2 sein sollte. Durch Hinzufügung des Punktes $\sqrt{2}$ ist also jene eine Lücke in der Menge N (nicht aber etwa ihre übrigen Lücken) beseitigt.

Alles in diesem Beispiel Gesagte gilt, wie leicht einzusehen ist, völlig entsprechend, wenn $\sqrt{2}$ durch irgendeine andere nicht als gemeiner Bruch darstellbare (d. h. irrationale) reelle Zahl ersetzt wird.

Es mögen nun einige weitere Bezeichnungen, die Punktmengen betreffen, angegeben werden.

Definition 3. Eine Punktmenge N heißt *in sich dicht*, wenn für *jeden* ihrer Punkte P folgende Bedingung erfüllt ist: Liegt P zwischen irgend zwei beliebigen Punkten P_1 und P_2 von N, so liegt auch noch ein weiterer Punkt Q von N zwischen P_1 und P_2.

Eine in sich dichte Punktmenge ist also dadurch charakterisiert, daß zwischen je zwei Punkten, zwischen denen überhaupt ein Punkt der Menge liegt, stets noch ein weiterer Punkt der Menge liegt. Anschaulicher ausgedrückt: in jeder noch so unmittelbaren Nähe eines jeden Punktes der in sich dichten Menge — nämlich unmittelbar vor ihm oder unmittelbar nach ihm — gibt es immer noch einen weiteren Punkt der Menge. Da demnach die „unmittelbare Nähe“, wie immer sie auch in einem gegebenen Fall festgesetzt sei, stets noch enger erklärt werden kann, so liegen in unmittelbarer Nähe jedes Punktes einer in sich dichten Menge sogar unendlich viele Punkte der Menge (vgl. S. 93/94). Der Leser hüte sich aber, die Ausdrucksweise „unmittelbare Nähe“ anschaulicher als im Sinn der obenstehenden Definition verstehen zu wollen, etwa im Sinne einer mit dem Längenmaß zu bestimmenden kleinen Entfernung. Erklärt man z. B. N ebenso wie im zweiten Absatz des oben angeführten Beispiels 4. (S. 96/97), so liegen in unmittelbarer Nähe des Punktes 0, und zwar rechts von ihm, unendlich viele Punkte, welche bezeichnet werden durch reelle Zahlen a, die ein wenig größer sind als 10; mit dem Metermaß auf der Zahlengeraden gemessen, sind also „unmittelbar benachbarte“ Punkte hier mehr als 10 cm voneinander entfernt.

Eine überall dichte Menge ist sicherlich in sich dicht; denn ist N überall dicht und liegt P zwischen den Punkten P_1 und P_2 von N, so liegen zwischen P_1 und P, um so mehr also zwischen P_1 und P_2 weitere Punkte von N. Dagegen ist eine in sich dichte Menge nicht notwendigerweise überall dicht, wie Beispiel 9. (S. 103 ff.) zeigen wird.

Definition 4. Eine Punktmenge N heißt *abgeschlossen*, wenn kein Schnitt in N eine Lücke ist[1]; sie heißt *stetig*, wenn jeder Schnitt in N stetig ist, wenn die Menge also weder Sprünge noch Lücken aufweist.

Die Bezeichnung „abgeschlossen" bezieht sich darauf, daß jede einzelne Lücke in einer Punktmenge durch Hinzufügung eines Punktes zur Menge beseitigt werden kann, wie dies in den Beispielen 3. (S. 95/96) und 5. (S. 97 ff.) gezeigt wurde; eine Menge mit Lücken ist also in diesem Sinn nicht abgeschlossen.

Definition 5. Eine Punktmenge, die gleichzeitig in sich dicht und abgeschlossen ist, wird als *perfekt* bezeichnet.

Beispiele zu den Definitionen 3 bis 5:

6. N sei die Menge aller Punkte zwischen zwei festen Punkten P_1 und P_2 unserer Geraden. Gleichviel ob P_1 und P_2 oder einer dieser Punkte zu N gerechnet werden oder nicht[2], ist jedenfalls N eine in sich dichte und abgeschlossene, also perfekte und ferner stetige Menge. Nach Beispiel 1. (S. 95) ist nämlich N überall dicht, um so mehr also in sich dicht. Ist ferner $N_1 | N_2$ irgendein Schnitt in N, so daß alle Punkte von N_1 links von allen Punkten von N_2 liegen, so gibt es, wie die Anschauung nahezulegen scheint[3], auf der

---

[1] Zu dieser Definition vgl. die folgende Fußnote.

[2] Üblicher ist eine etwas veränderte Erklärung der abgeschlossenen Menge, nach der *die Zugehörigkeit der Endpunkte zur Menge erforderlich ist;* sie geht aus der Definition 5 dadurch hervor, daß man auch solche Schnitte $N_1 | N_2$ zuläßt, für die N_1 oder N_2 überhaupt kein Element von N enthält. Im Interesse der Einfachheit wurde die obige etwas weitere Definition gewählt, nach der (entgegen der üblichen Auffassung) auch die Menge *aller* Punkte einer Geraden perfekt ist.

[3] Diese Tatsache ist geometrisch nicht *beweisbar*; vielmehr pflegt man sie, da sie unserer Anschauung vom Wesen einer „kontinuierlichen" geraden Linie zu entsprechen scheint, postulatorisch in die *Definition* der eine gerade Linie erfüllenden Punktmenge aufzunehmen. Dagegen ist die entsprechende Tatsache für die Menge der reellen Zahlen *beweisbar* in dem Sinne, daß man den Begriff der reellen Zahl zweckmäßigerweise gerade so weit ausdehnen kann (und daher auch wirklich ausdehnt), daß die obige

Geraden einen einzigen Grenzpunkt Q zwischen den Teilmengen N_1 und N_2, der also zur Menge N, und zwar entweder zu N_1 oder zu N_2 gehört; Q erzeugt den Schnitt $N_1 | N_2$, da jeder links von Q gelegene Punkt zu N_1, jeder rechts von Q gelegene Punkt zu N_2 gehört. Der Schnitt $N_1 | N_2$ ist also weder ein Sprung noch eine Lücke, d. h. die Menge N ist wirklich abgeschlossen und stetig. Da die nämliche Überlegung auf die Menge M *aller* Punkte unserer Geraden anwendbar ist, so ist auch diese Punktmenge perfekt und stetig.

7. Ist N wie in Beispiel 2. (S. 95) die Menge aller durch rationale Zahlen bezeichneten Punkte zwischen P_1 und P_2, wo P_1 und P_2 zwei beliebige Punkte der Geraden bedeuten, so ist auch diese Menge überall dicht und also in sich dicht. Dagegen ist sie nicht abgeschlossen. Denn wie Beispiel 5. (S. 97ff.) zeigt, liegt bei dem Punkte $\sqrt{2}$ der Menge M eine Lücke in der Menge N; ebenso liegen Lücken in der Menge N bei all den zwischen P_1 und P_2 gelegenen Punkten der Menge M, die sich nicht durch rationale Zahlen bezeichnen lassen. Da es übrigens Punkte dieser Art, wie man aus der Nichtabzählbarkeit der eine Strecke erfüllenden Punktmenge schließen kann, in unendlicher Anzahl gibt (sie liegen sogar in überall dichter und nicht abzählbarer Menge auf der Geraden), so weist unsere Menge N unendlich viele Lücken auf. Diese Tatsache wird dem Leser überraschend erscheinen, wenn er nur davon ausgeht, daß zwischen zwei noch so benachbarten Punkten unserer Menge immer noch unendlich viele Punkte derselben liegen, und wenn er auf den ersten Blick daraus schließen möchte, daß diese überall dichte Punktmenge unsere Gerade auch „stetig" und restlos erfülle (vgl. S. 23). Gegenüber den Unvollkommenheiten der Anschauung zeigt unsere jetzige Betrachtung, daß die überall dichte Punktmenge N dennoch Lücken (sogar unendlich viele Lücken) aufweist und daß sie demnach keine perfekte und stetige Menge (wie die Punktmenge M) darstellt; hierdurch wird gleichzeitig das Ergebnis von S. 37/38 in gewisser Weise anschaulich ergänzt. Dabei ist wiederum die Betrachtung davon

---

Tatsache für die Menge aller reellen Zahlen (evtl. zwischen zwei festen Zahlen) erfüllt ist. Betrachtet man also die gerade Linie nicht eigentlich als geometrisches Gebilde, sondern als Abbild der Gesamtheit der reellen Zahlen (Zahlengerade), so wird die obige Tatsache in dem angegebenen Sinne beweisbar.

unabhängig, ob der Punkt P_1 oder P_2 oder beide zu N gerechnet werden oder nicht, und sie bleibt auch noch gültig, wenn N als die Menge *aller* durch rationale Zahlen bezeichneten Punkte von M erklärt wird.

8. N sei eine unendliche Menge von Punkten auf unserer Geraden, von denen jeder von dem nächsten gleich weit — etwa 1 cm — entfernt sei; N kann also z. B. als die Menge der Punkte ..., $-3, -2, -1, 0, 1, 2, 3, \ldots$ betrachtet werden. Die Menge ist nicht in sich dicht; denn es ist z. B. der Punkt 1, aber kein weiterer Punkt zwischen den Punkten 0 und 2 gelegen, und Entsprechendes gilt von irgend je drei aufeinander folgenden Punkten. Um so weniger ist N überall dicht. Dagegen ist N eine abgeschlossene Menge. Denn ist $N_1 | N_2$ irgendein Schnitt in N, so enthält die Teilmenge N_1 einen letzten Punkt P_1 und die Teilmenge N_2 einen ersten Punkt P_2, nämlich den unmittelbar auf P_1 folgenden Punkt von N. Kein Schnitt in N ist also eine Lücke, vielmehr jeder ein Sprung.

9. Endlich soll noch ein Beispiel einer Punktmenge N vorgeführt werden, die zwar in sich dicht und abgeschlossen, also perfekt, nicht aber überall dicht oder stetig ist; diese Menge ist sogar „nirgends dicht", d. h. es gibt in ihr kein Paar von Punkten P_1 und P_2 von der Art, daß wenigstens die Teilmenge der zwischen P_1 und P_2 (diese selbst eingeschlossen) gelegenen Punkte von N überall dicht wäre.

Diese nicht so recht anschauliche Punktmenge N wollen wir, um eine bestimmte Vorstellung zu gewinnen, folgendermaßen erklären (vgl. Abb. 10): Wir fassen zunächst die Strecke vom Punkte 0 bis zum Punkte 9 unserer geraden Linie ins Auge. Das mittlere Drittel dieser Strecke, also die Strecke

Abb. 10.

von 3 bis 6, möge auf irgendeine Weise (etwa durch starkes Ausziehen) markiert werden, so daß die Strecke von 0 bis 3 und diejenige von 6 bis 9 unmarkiert bleiben. Auf diesen beiden unmarkierten Strecken soll wiederum je das mittlere Drittel markiert werden, also die Strecken von 1 bis 2 und von 7 bis 8; unmarkiert bleiben dann vier Strecken zurück, nämlich von 0 bis 1, von 2 bis 3, von 6 bis 7 und von 8 bis 9. Abermals möge auf diesen vier unmarkierten Strecken je das mittlere Drittel markiert werden, d. h. die Strecken von $\frac{1}{3}$ bis $\frac{2}{3}$, von $2\frac{1}{3}$ bis $2\frac{2}{3}$, von $6\frac{1}{3}$ bis $6\frac{2}{3}$ und von $8\frac{1}{3}$ bis $8\frac{2}{3}$, so daß acht unmarkierte Strecken übrigbleiben. Dieses Verfahren wollen wir *unbegrenzt* fortgesetzt denken; bei jedem folgenden Schritt soll also auf jeder beim vorhergehenden Schritt noch unmarkiert gebliebenen Strecke das mittlere Drittel markiert werden. *Unter N wollen wir dann die geordnete Punktmenge verstehen, die erstens aus den beiderseitigen Endpunkten aller markierten Strecken und zweitens aus allen nicht auf markierten Strecken gelegenen Punkten zwischen den Punkten 0 und 9 unserer Geraden (diese beiden Punkte eingeschlossen) besteht.*

Diese Menge ist zunächst *nirgends* überall dicht. Es seien nämlich P_1 und P_2 irgend zwei Punkte auf unserer Geraden zwischen 0 und 9 (diese Grenzen eingeschlossen); P_1 liege links von P_2. Gehören die Punkte P_1 und P_2, wie wir von nun an voraussetzen wollen, zur Punktmenge N, d. h. liegt keiner von beiden *auf* einer markierten Strecke, so kann es sein, daß P_1 und P_2 die beiden Endpunkte einer und derselben markierten Strecke sind; dann liegt zwischen P_1 und P_2 kein weiterer Punkt von N. In jedem anderen Fall dagegen liegen zwischen beiden Punkten sicher mehrere (sogar unendlich viele) markierte Strecken. Denn das Teilungsverfahren, das wir zur Herstellung der Menge N anwandten, erstreckt sich ja auf jedes Stück unserer Geraden zwischen 0 und 9, das nicht völlig durch eine markierte Strecke ausgefüllt ist; ferner nimmt die Länge der entstehenden markierten Strecken mit jedem Schritt des Teilungsverfahrens fortgesetzt ab und sinkt schließlich, wenn das Verfahren hinreichend weit fortgeführt wird, unter jeden noch so kleinen Betrag. Denken wir uns daher genügend viele Schritte des Verfahrens getan, so werden zwischen P_1 und P_2 mehrere markierte Strecken zu liegen kommen (deren Zahl durch die weitere Fortsetzung des Teilungsverfahrens noch unbegrenzt vermehrt wird). Sind Q und R die beiden (zu N gehörigen) Endpunkte *irgendeiner* zwischen P_1 und P_2 gelegenen markierten Strecke (wobei auch Q mit P_1 oder R mit P_2 zusammenfallen kann), so liegt zwischen Q und R kein Punkt von N (nach der Definition von N); die Punktmenge N ist also zwischen den (ganz beliebig angenommenen) Punkten P_1 und P_2 *nicht* dicht, wie wir zeigen wollten.

Dagegen ist die Menge N in sich dicht. Ist nämlich Q ein beliebiger Punkt von N, der zwischen zwei Punkten P_1 und P_2 von N liegt, so können P_1 und P_2 nicht die beiden Endpunkte einer und der nämlichen markierten Strecke sein; denn zwischen zwei solchen Endpunkten liegt ja gemäß der Definition von N überhaupt kein Punkt von N. P_1 und P_2 sind also Punkte von der nämlichen Art, wie im zweiten Teil des vorigen Absatzes betrachtet, und nach diesem liegen zwischen P_1 und P_2 mehrere markierte Strecken, deren Endpunkte lauter Punkte der Menge N sind; sicher liegen also zwischen P_1 und P_2 außer Q auch noch weitere Punkte von N, die Punktmenge N ist also wirklich in sich dicht.

Daß N nicht überall dicht und dennoch in sich dicht ist, liegt daran, daß zwar wohl in unmittelbarer Nähe eines jeden Punktes von N ein weiterer und daher sogar unendlich viele weitere Punkte von N liegen, daß dies aber unter Umständen nur nach der *einen* Richtung hin der Fall ist. Ist nämlich P der linksseitige Endpunkt einer markierten Strecke, so ist die Menge in der Richtung von P aus nach rechts hin nicht dicht, sondern P besitzt einen unmittelbar nachfolgenden Punkt, den rechtsseitigen Endpunkt der betreffenden markierten Strecke; das Umgekehrte gilt für die rechtsseitigen Endpunkte markierter Strecken. Für die Eigenschaft einer Menge, in sich dicht zu sein, ist derartige einseitige Dichtigkeit hinreichend, nicht aber für die Eigenschaft, überall dicht zu sein.

Um endlich zu zeigen, daß unsere Punktmenge N abgeschlossen ist, betrachten wir die Art der möglichen Schnitte in N. Ist $N_1 \mid N_2$ ein beliebiger Schnitt in N, so geht dieser Schnitt, wie leicht einzusehen ist, in einen Schnitt $M_1 \mid M_2$ in der Menge M *aller* Punkte unserer Geraden über, falls wir z. B. folgende Festsetzung treffen: Zu M_1 sollen außer allen Punkten von N_1 noch diejenigen Punkte von M gehören, die links von irgendeinem Punkt von N_1 liegen; alle anderen Punkte von M (darunter auch alle Punkte von N_2) gehören zu M_2. Dieser Schnitt $M_1 | M_2$ hat die Eigenschaft, daß alle in M_1 enthaltenen Punkte von N zu N_1, alle in M_2 enthaltenen Punkte von N zu N_2 gehören. Es sei nun Q der Punkt von M, der den Schnitt $M_1 | M_2$ erzeugt; ein einziger solcher Punkt Q existiert stets, da die Punktmenge M weder Sprünge noch Lücken, sondern nur stetige Schnitte aufweist (Beispiel 6., S. 101 f.). Dann sind drei Fälle möglich: entweder liegt Q *auf* einer markierten Strecke, die zwei Punkte P_1 und P_2 von N verbindet[1]), oder Q ist einer der beiden Endpunkte einer solchen Strecke, oder endlich Q ist ein Punkt der Menge N, der überhaupt keiner markierten Strecke angehört. Im ersten dieser drei Fälle gehören offenbar P_1 und die links von P_1 gelegenen Punkte von N zu N_1, dagegen P_2 und die rechts von P_2 gelegenen Punkte von N zu N_2, d. h. die beiden Punkte P_1 und P_2 erzeugen den Schnitt $N_1 | N_2$ in N und dieser ist ein Sprung. Im zweiten Fall kann entweder das nämliche der Fall sein, so daß der Schnitt $N_1 | N_2$ wiederum einen Sprung in N darstellt, oder aber es kann noch P_2 zu N_1 bzw. schon P_1 zu N_2 gehören; dann wird der stetige Schnitt $N_1 \mid N_2$ durch $Q = P_2$ bzw. durch $Q = P_1$ erzeugt. Ist endlich Q ein Punkt von N, der zu keiner markierten Strecke gehört, so ist Q entweder der letzte Punkt von N_1 oder der erste von N_2, d. h. Q erzeugt nicht nur den stetigen Schnitt $M_1 | M_2$ in M, sondern auch den stetigen Schnitt $N_1 | N_2$ in N. In allen drei Fällen ist demnach der Schnitt $N_1 | N_2$ in N keine Lücke, N ist also wirklich eine abgeschlossene Punktmenge; die Menge N ist perfekt, aber nirgends dicht.

Es sei noch ohne Beweis bemerkt, daß diese merkwürdige Punktmenge N — wie übrigens jede perfekte Punktmenge — die Mächtigkeit des Kontinuums besitzt. Die Menge aller markierten Strecken zwischen den Punkten 0 und 9 ist zwar natürlich gleichfalls unendlich, aber abzählbar[2]).

Cantor hat eine Reihe von Sätzen über in sich dichte, abgeschlossene und perfekte Punktmengen aufgestellt und bewiesen, Sätze, die für gewisse mathematische Gebiete von großer Bedeutung

---

[1]) Dieser erste Fall kann übrigens, wie man unschwer einsehen kann, überhaupt nicht eintreten; wir werden aber von dieser Tatsache keinen Gebrauch machen.

[2]) Punktmengen dieser Art sind zuerst von H. J. St. Smith (Proceed. of the London Math. Soc. (1) vol. 6 [1875], S. 147 f.) und seitdem vielfach behandelt worden.

sind und erst durch die unendliche Scharfsichtigkeit, zu der uns das Werkzeug der Mengenlehre befähigt, ermöglicht werden. Weitere daran anknüpfende Methoden und Ergebnisse, die nicht nur für die Geometrie, sondern vor allem für die Analysis grundlegend geworden sind, verdankt man zahlreichen anderen Forschern, unter denen hier nur H. Lebesgue genannt sei; der Leser findet eingehende Literaturnachweisungen und ausführliche Darstellungen aus diesem Gebiet in den am Schlusse dieses Büchleins genannten Schriften von Schoenflies, Hausdorff, Carathéodory und Lebesgue. Hier wollen wir uns damit begnügen anzudeuten, auf welche Weise Cantor zum erstenmal zwei ganz besonders wichtige Punktmengen mittels der im Vorangegangenen enthaltenen Methoden ihrer Anordnung nach vollständig charakterisieren konnte. Vorangeschickt sei dieser Betrachtung noch die fast selbstverständliche Bemerkung, daß die Eigenschaft einer geordneten Punktmenge N, überall dicht bzw. in sich dicht bzw. abgeschlossen zu sein, gleichzeitig eine Eigenschaft jeder zu N ähnlichen Menge N' ist; denn hat man eine bestimmte ähnliche Abbildung zwischen den Mengen N und N' gewählt, so bestehen die nämlichen Anordnungstatsachen wie für die Elemente der Menge N auch für die ihnen zugeordneten Elemente von N'.

a und b seien nun zwei beliebige reelle Zahlen, etwa a kleiner als b. Dann hat die Menge N aller rationalen Zahlen zwischen a und b, beide Grenzen ausgeschlossen — oder, was auf dasselbe hinauskommt, die Menge aller zwischen den Punkten a und b gelegenen, durch rationale Zahlen bezeichneten Punkte auf der Zahlengeraden ausschließlich der Endpunkte — folgende drei Eigenschaften, falls man die Brüche ihrer Größe nach, d. h. die Punkte in der Richtung von links nach rechts anordnet:

1. Die geordnete Menge N ist abzählbar;
2. sie enthält weder ein erstes noch ein letztes Element;
3. sie ist überall dicht (S. 93).

Die nämlichen drei Eigenschaften hat offenbar auch die geordnete Menge *aller* rationalen Zahlen bzw. *aller* durch solche bezeichneten Punkte der (beiderseits unbegrenzten) Zahlengeraden, wenn man die gleiche Anordnung festsetzt.

Man kann nun umgekehrt zeigen, daß durch die angeführten drei Eigenschaften ein gewisser Ordnungstypus vollständig bestimmt ist, d. h. daß irgendwelche geordnete Mengen, die jene drei Eigenschaften besitzen, stets einander ähnlich sind; der Beweis dieser Tatsache, von dessen Darstellung hier abgesehen werde[1]), ist mit den bisherigen Mitteln zu erbringen. Man bezeichnet den Ordnungstypus jeder derartigen (geordneten) Menge mit η. Im besonderen folgt hieraus, daß alle geordneten Mengen, die unter Verwendung *irgendwelcher* Zahlen a und b im angeführten Sinn definiert sind, untereinander (wie auch mit der entsprechend geordneten Menge *aller* rationalen Zahlen) ähnlich sind. η ist aber offenbar auch z. B. der Ordnungstypus einer geordneten Menge N', die folgendermaßen definiert ist: c und d seien zwei beliebige reelle Zahlen, etwa c kleiner als d, und N' enthalte alle rationalen Zahlen, die kleiner als c oder größer als d sind, unter Anordnung der Größe nach. Dabei darf zu N' auch *eine* der Zahlen c und d gerechnet werden, nicht aber beide, da sonst zwischen den Zahlen c und d der Menge keine Zahl der Menge läge, diese also nicht überall dicht wäre.

Aus der Tatsache, daß der Ordnungstypus η durch die angeführten drei Eigenschaften völlig festgelegt ist, kann man ohne weiteres folgende Beziehungen für das Rechnen mit diesem Ordnungstypus herleiten:

$$\eta + \eta = \eta, \quad \eta \cdot e = \eta \text{ für jeden endlichen Ordnungstypus } e,$$
$$\eta \cdot \omega = \eta .$$

Zum Beweis bilde man geordnete Mengen mit den links stehenden Ordnungstypen[2]); die angeschriebenen Beziehungen besagen dann nur, daß auch die so gebildeten geordneten Mengen unsere drei Eigenschaften besitzen.

Endlich wollen wir uns noch mit einem zweiten, ganz besonders wichtigen Ordnungstypus etwas genauer beschäftigen. a und b seien wieder zwei beliebige reelle Zahlen (a kleiner als b) bzw. zwei beliebige Punkte der Zahlengeraden (a links von b). Dann

[1]) Vgl. Cantor in den Math. Ann., Bd. 46 (1895), S. 504—506.

[2]) Zur Bildung einer Menge vom Ordnungstypus $\eta \cdot \omega$ kann man z. B. von der Tatsache ausgehen, daß die Menge aller rationalen Zahlen zwischen 0 und 1, zwischen 1 und 2, zwischen 2 und 3 usw. jeweils den Ordnungstypus η besitzt, wenn die Zahlen der Größe nach geordnet und dabei 0, 1, 2 usw. nicht zu den betreffenden Mengen gerechnet werden. Daher besitzt die Menge aller positiven rationalen Zahlen, ausgenommen die Zahlen 1, 2, 3 usw., den Ordnungstypus $\eta \cdot \omega$; dies ändert sich, wie man leicht einsehen kann, auch dann nicht, wenn die Zahlen 1, 2, 3 usw. zur Menge hinzugerechnet werden.

soll im folgenden N die Menge aller reellen Zahlen zwischen a und b, beide Grenzen *eingeschlossen*, in der Anordnung nach der Größe bedeuten bzw. die ihr ähnliche Menge aller Punkte zwischen a und b einschließlich der Grenzen in der Anordnung von links nach rechts. Wir haben es bei der Menge N mit dem zu tun, was man auch außerhalb der Mathematik als das „Kontinuum" (genauer „Linearkontinuum") bezeichnet: mit der „lückenlosen" oder „stetigen" Gesamtheit aller Punkte einer Strecke, also mit der nächstliegenden (geordneten) Punktmenge, die wir uns denken können. Innerhalb der Mathematik spielt diese Menge nicht nur in der Geometrie, sondern auch in der Analysis (man denke nur an den Begriff der Funktion, vgl. S. 43) eine hervorragende Rolle. Dennoch war es bis Cantor nicht gelungen, die Menge N ohne Verwendung des Wörtchens „alle" („alle reellen Zahlen zwischen a und b", „alle Punkte einer Strecke") zu charakterisieren, d. h. sie ihrer Anordnung nach vollständig zu beschreiben. Vielfach war man vielmehr dazu gelangt, eine solche Beschreibung für unmöglich zu betrachten und den Begriff des Kontinuums als ursprünglich anzusehen oder ihn gar ins theologisch-mystische Gebiet zu verweisen. Der naive Betrachter ist zunächst wohl geneigt, die charakteristische Eigenschaft der geordneten Menge aller Punkte auf einer Strecke darin zu erblicken, daß die Punkte überall dicht („unendlich dicht") auf der Strecke gesät sind. Dies ist zweifellos eine Eigenschaft unserer Menge, genügt aber nicht im mindesten zu ihrer Beschreibung. Bedenken wir nur, daß die Menge aller ihrer Größe nach angeordneten rationalen Zahlen zwischen a und b ebenfalls überall dicht ist; diese Menge ist im Gegensatz zu N abzählbar (S. 24), ihre Elemente müssen also zwischen a und b unvergleichlich viel dünner gesät sein als die Elemente von N.

Nun können wir die geordnete Menge N in der folgenden Weise ihrer Anordnung nach beschreiben: Eine Teilmenge von N ist die Menge R aller ihrer Größe nach angeordneten rationalen Zahlen zwischen a und b bzw. aller durch rationale Zahlen bezeichneten Punkte zwischen a und b; wir wollen dabei a und b selbst nicht zur Teilmenge R rechnen, wodurch wir erreichen, daß η der Ordnungstypus von R wird. Diese Teilmenge, die zwar unendlich, aber abzählbar ist, hat die Eigenschaft, daß zwischen irgend zwei Elementen der Menge N stets Elemente der Teilmenge R gelegen sind; in der Tat liegt ja, wie in Fußnote [1]) auf S. 98f. gezeigt wurde, zwischen irgend zwei reellen Zahlen stets eine rationale Zahl. Ferner ist N, wie wir in Beispiel 6. (S. 101f.) sahen, abgeschlossen und in sich dicht, also perfekt und enthält ein erstes Element a und ein letztes b. Die geordnete Menge N läßt sich also beschreiben durch Feststellung der folgenden drei Eigenschaften:

1. Die geordnete Menge N ist perfekt[1]);
2. sie enthält sowohl ein erstes Element a als auch ein letztes Element b[2]);
3. sie enthält eine abzählbare Teilmenge R von der Eigenschaft, daß zwischen je zwei Elementen von N stets mindestens ein Element der Teilmenge R liegt (demnach ist im besonderen N auch überall dicht).

Durch diese drei Eigenschaften, die den auf S. 106 angeführten Eigenschaften des Ordnungstypus η in gewisser Weise analog sind, ist die Menge N in bezug auf ihren Ordnungstypus nun auch *vollständig* beschrieben. Mit anderen Worten: jede geordnete Menge, die diese drei Eigenschaften besitzt, ist unserer Menge N ähnlich, diese Eigenschaften enthalten also eine in bezug auf die Anordnung *erschöpfende* Charakterisierung des Linearkontinuums. Der Ordnungstypus der Zahlen- oder Punktmenge N, den man kurz den Ordnungstypus des beiderseits begrenzten Linearkontinuums nennen kann, wird mit θ bezeichnet; der Ordnungstypus θ ist also durch die drei angeführten Eigenschaften restlos bestimmt. Wenn auch der Beweis dieser Tatsache hier nicht ausgeführt werden soll, so möge doch bei der Bedeutung, die dieser Gegenstand besitzt, wenigstens der *Gedankengang* des CANTORschen Beweises[3]) entwickelt werden.

Ist N' eine beliebige geordnete Menge, die im Verein mit einer abzählbaren Teilmenge R' unsere drei Eigenschaften besitzt und deren erstes Element a', deren letztes b' ist, so wollen wir vor allem aus der Teilmenge R' das Element a' bzw. b' bzw. beide entfernt denken, falls sie etwa von vornherein in R' enthalten sein sollten; die so veränderte Menge R' hat dann weder

---

[1]) Man kann an Stelle von „perfekt“ auch „stetig“ setzen, ohne daß sich dadurch etwas an den im nächsten Absatz angeführten Tatsachen ändert. CANTOR hat mit „perfekt“ operiert.

[2]) Bei der gewöhnlichen Definition der abgeschlossenen Menge (vgl. Fußnote [2]) auf S. 101) ist diese zweite Eigenschaft von selbst in der ersten eingeschlossen.

[3]) Math. Ann., Bd. 46 (1895), S. 510—512.

ein erstes noch ein letztes Element. Überdies ist R' wegen Eigenschaft 3 überall dicht; R' besitzt also die drei auf S. 106 aufgezählten Eigenschaften und hat demnach den Ordnungstypus η, den auch die Teilmenge R von N besitzt. Φ sei eine beliebige, aber von nun an bestimmte Abbildung zwischen den ähnlichen Mengen R und R'; durch Φ wird dann jedes in R' vorkommende Element von N' einer gewissen (gleichzeitig zu N gehörigen) Zahl von R, d. h. einer rationalen Zahl zwischen a und b zugeordnet und umgekehrt. Ist dagegen n' ein nicht zu R' gehöriges Element von N', so betrachten wir den Schnitt in R' (nicht etwa in N'), dessen erste Hälfte alle und nur diejenigen Elemente von R' enthält, die in N' dem Element n' vorangehen; diesem Schnitt entspricht vermöge der Abbildung Φ ein Schnitt in unserer Menge R von rationalen Zahlen, der jedenfalls von einer gewissen reellen Zahl n aus N erzeugt wird; eben diese reelle Zahl ordnen wir dem Element n' von N' zu. Daß diese Zuordnung *umkehrbar* eindeutig ist, erkennen wir leicht, indem wir die Umkehrung in folgender Weise direkt angeben: ist eine reelle Zahl n aus N vorgelegt, so betrachten wir den zu n gehörigen Schnitt in der Menge R, dessen erste Hälfte also von denjenigen rationalen Zahlen von R gebildet wird, welche kleiner sind als n; diesem Schnitt entspricht vermöge der Abbildung Φ ein gewisser Schnitt in der Menge R', der — da N' eine perfekte und überall dichte Menge ist — durch ein einziges bestimmtes Element n' von N' erzeugt wird; das so festgelegte Element n' ordnen wir der reellen Zahl n zu. Die hierdurch hergestellte Abbildung zwischen den geordneten Mengen N und N' ist schließlich ähnlich; davon überzeugt man sich, wenn zwei beliebige reelle Zahlen n_1 und n_2 von N (n_1 kleiner als n_2) gegeben sind und ihnen die Elemente n_1' und n_2' von N' entsprechen, durch den Nachweis, daß ganz ebenso, wie n_1 zu der ersten Hälfte des durch n_2 erzeugten Schnittes in N gehört, auch n_1' in der ersten Hälfte des durch n_2' erzeugten Schnittes in N' vorkommt, so daß wirklich in N' gilt: $n_1' \prec n_2'$.

Man erkennt an Hand der Definition des Ordnungstypus θ, daß die Ordnungstypen θ, $\theta + \theta = \theta \cdot 2$, $\theta \cdot 3$, ... $\theta \cdot \omega$ usw. alle voneinander verschieden sind. Denn da jede Menge vom Ordnungstypus θ ein erstes und ein letztes Element besitzt, weist z. B. jede Menge vom Ordnungstypus $\theta + \theta$ „in der Mitte" einen Sprung auf, während im Kontinuum keine Sprünge vorkommen.

§ 11. Wohlgeordnete Mengen. Die Wohlordnung und ihre Bedeutung.

Unter der Gesamtheit der geordneten Mengen, mit denen wir uns in den letzten beiden Paragraphen beschäftigt haben, gibt es eine gewisse Klasse von Mengen, welche durch die besondere — wenn man will, besonders einfache — Art der Anordnung ihrer Elemente bemerkenswert sind und die man als „wohlgeordnet" bezeichnet. Im Reiche der wohlgeordneten Mengen herrschen besonders einfache Verhältnisse, die in vielen Beziehungen an die uns wohlvertrauten Eigenschaften der gewöhnlichen Zahlenreihe erinnern. Dementsprechend werden wir in den Ordnungstypen der wohlgeordneten Mengen eine Klasse „unendlicher Größen" kennenlernen, die viele Eigenschaften der endlichen Zahlen aufweisen und uns daher einen weniger fremden Eindruck machen, als ihn die unendlichen Kardinalzahlen und die Ordnungstypen beliebiger unendlicher geordneter Mengen zunächst erwecken mochten. Ist schon hierdurch ein besonderes Eingehen auf die Theorie der wohlgeordneten Mengen hinreichend gerechtfertigt, so werden gewisse Eigenschaften dieser Mengen doppelt bedeutungsvoll dadurch, daß sie sich auf ganz beliebige Mengen übertragen lassen; neuerdings nämlich ist der strenge Nachweis der schon von CANTOR mit Sicherheit vermuteten Tatsache gelungen, daß die Elemente jeder beliebigen (geordneten oder überhaupt nicht geordneten) Menge sich zu einer wohlgeordneten Menge anordnen bzw. umordnen lassen, und dieser Nachweis gestattet uns, wichtige Vereinfachungen für die Theorie beliebiger unendlicher Kardinalzahlen herzuleiten.

Wir erklären mit CANTOR:

Definition 1. Eine geordnete Menge M heißt **wohlgeordnet**, wenn jede von der Nullmenge verschiedene Teilmenge von M (im besonderen also auch M selbst) ein *erstes* Element enthält.

Ist a ein beliebiges Element der wohlgeordneten Menge M, so sei N die Teilmenge aller auf a folgenden Elemente n von M, d. h. die Teilmenge derjenigen Elemente n, für die $a \prec n$ gilt; vorausgesetzt ist dabei, daß a nicht etwa das letzte Element von M ist. Nach der Definition der wohlgeordneten Menge besitzt die Teilmenge N ein erstes Element b; für dieses gilt natürlich auch $a \prec b$. Es gibt aber kein Element c in M, das zwischen a und b läge, also die Beziehungen $a \prec c \prec b$ erfüllte; denn c müßte, weil auf a folgend, zur Teilmenge N gehören, kann aber dann doch deren erstem Element b nicht vorangehen. Es gilt daher:

In einer wohlgeordneten Menge gibt es zu jedem Element (außer dem etwaigen letzten) ein einziges unmittelbar nachfolgendes Element.

Beispiele wohlgeordneter Mengen sind zunächst alle endlichen (geordneten)[1] Mengen, ferner die Menge aller natürlichen Zahlen

[1] Vgl. die Bemerkung in Beispiel 1. von § 9, S. 82.

in der gewöhnlichen Reihenfolge; denn in jeder Menge von natürlichen Zahlen gibt es ja eine kleinste Zahl. Auch z. B. die Menge aller Brüche ist in der auf S. 22 gegebenen Anordnung wohlgeordnet, wie überhaupt jede *abgezählte* Menge, d. h. jede Menge, die auf die Menge der ihrer Größe nach angeordneten natürlichen Zahlen ähnlich abgebildet ist, auch ihrerseits wohlgeordnet ist (keineswegs aber gilt dies von jeder *abzählbaren* Menge, eine solche braucht ja überhaupt nicht geordnet zu sein). Aber auch eine nicht abgezählte unendliche Menge kann natürlich wohlgeordnet sein; so ist die abzählbare Menge aller ganzen Zahlen nicht nur in der abgezählten Anordnung $\{0, 1, -1, 2, -2, \ldots\}$ wohlgeordnet, sondern auch z. B. in der nicht abgezählten Anordnung:

$$\{0, 1, 2, 3, \ldots \; -1, -2, -3, \ldots\}.$$

Ebenso ist die Menge aller positiven rationalen Zahlen z. B. auch in der folgenden, nicht abgezählten Anordnung wohlgeordnet:

$$\{1, 2, 3, \ldots \; \tfrac{1}{2}, \tfrac{3}{2}, \tfrac{5}{2}, \ldots \; \tfrac{1}{3}, \tfrac{2}{3}, \tfrac{4}{3}, \tfrac{5}{3}, \ldots \; \tfrac{1}{4}, \tfrac{3}{4}, \tfrac{5}{4}, \ldots, \ldots\}.$$

Allgemein ist, wie ohne Beweis vermerkt werden mag, die (geordnete) Summe und das (geordnete) Produkt zweier wohlgeordneter Mengen wieder wohlgeordnet.

Nicht wohlgeordnet ist dagegen z. B. die Menge aller ganzen Zahlen in der natürlichen Reihenfolge $\{\ldots, -3, -2, -1, 0, 1, 2, 3, \ldots\}$, da diese Menge selbst ebensowenig wie z. B. die Teilmenge der negativen Zahlen ein erstes Element besitzt. Auch die Menge aller rationalen oder reellen Zahlen zwischen 0 und 1 (oder zwischen irgendwelchen anderen Grenzen oder ohne Grenzen) ist nicht wohlgeordnet, wenn man die Zahlen der Größe nach ordnet; z. B. enthält ja die Teilmenge aller rationalen bzw. reellen Zahlen, die größer sind als $\frac{1}{2}$, kein erstes (kleinstes) Element, weil zwischen $\frac{1}{2}$ und jeder (um noch so wenig) größeren Zahl immer noch rationale bzw. reelle Zahlen liegen.

Unmittelbar aus der Erklärung der wohlgeordneten Mengen fließt noch der Satz:

Jede Teilmenge einer wohlgeordneten Menge ist selbst wohlgeordnet. Um diesem Satz allgemeine Gültigkeit (auch für die Nullmenge) zu sichern, bezeichnet man formal *auch die Nullmenge als wohlgeordnet*, eine Festsetzung, die sich auch weiterhin als nützlich erweisen wird. Ferner folgt in Verbindung mit dem Begriff der Ähnlichkeit der weitere Satz:

Jede geordnete Menge, die einer wohlgeordneten Menge ähnlich ist, ist selbst wohlgeordnet.

Um die Ordnungstypen der wohlgeordneten Mengen gegenüber anderen Ordnungstypen hervorzuheben, bezeichnet man sie als Ordinalzahlen oder Ordnungszahlen, im besonderen die Ordnungstypen *unendlicher* wohlgeordneter Mengen als transfinite oder unendliche Ordnungszahlen. Jede wohlgeordnete Menge M besitzt also eine eindeutig bestimmte Ordnungszahl, die gleichzeitig die Ordnungszahl jeder zu M ähnlichen Menge ist. Wie die anderen Ordnungstypen werden auch die Ordnungszahlen in der Regel durch kleine griechische Buchstaben bezeichnet.

Bei einer endlichen Menge fällt Kardinalzahl, Ordnungstypus und Ordnungszahl zusammen. Denn die Elemente einer endlichen Menge können ja ohne weiteres angeordnet, die Menge also in eine geordnete Menge verwandelt werden, und wie immer diese Ordnung vorgenommen wird, stets entsteht eine Menge vom nämlichen Ordnungstypus, der daher durch die Kardinalzahl (d. i. in diesem Fall die Anzahl der Elemente der Menge im gewöhnlichen Sinn) bezeichnet werden kann (S. 82). Da weiter jede geordnete endliche Menge wohlgeordnet ist, so ist der Ordnungstypus gleichzeitig eine (endliche) Ordnungszahl. (Daß natürlich dennoch Kardinalzahl und Ordnungszahl auch bei endlichen Mengen *begrifflich* verschieden sind, braucht wohl kaum betont zu werden; die Aussage „die Menge $\{1, 2, 3\}$ enthält drei Elemente" ist sicher logisch verschieden von der Aussage „die Menge enthält ein erstes, ein zweites und ein drittes Element".)

Ganz anders liegen diese Verhältnisse bei *unendlichen* Mengen. Da es für die Äquivalenzeigenschaften einer Menge auf eine etwaige Anordnung ihrer Elemente nicht ankommt und jede Menge sich selbst äquivalent ist, gehört zu jeder (unendlichen wie endlichen) Menge eine einzige Kardinalzahl. Die Elemente jeder unendlichen Menge lassen sich aber auf mannigfache Weise anordnen, d. h. man kann aus der nämlichen Menge eine Fülle verschiedener geordneter Mengen bilden; im allgemeinen werden verschiedene dieser aus der nämlichen Menge hervorgehenden geordneten Mengen auch verschiedene Ordnungstypen besitzen. Endlich kann es sein, daß sich unter diesen geordneten Mengen auch wohlgeordnete befinden; deren Ordnungstypen sind dann gleichzeitig Ordnungszahlen. Ist z. B. die Menge aller natürlichen Zahlen gegeben, so ist $\mathfrak{a}$ ihre Kardinalzahl. Von den verschiedenen geordneten Mengen, die sich aus dieser Menge bilden lassen, seien hier nur einige wenige angegeben:

$\{1, 2, 3, 4, 5, 6, \ldots\}$, $\{\ldots, 6, 5, 4, 3, 2, 1\}$, $\{1, 3, 5, \ldots 2, 4, 6, \ldots\}$, $\{\ldots, 6, 4, 2 \ldots, 5, 3, 1\}$, $\{1, 3, 5, \ldots \ldots, 6, 4, 2\}$, $\{\ldots, 5, 3, 1, 2, 4, 6, \ldots\}$, $\{1, 5, 9, \ldots 2, 6, 10, \ldots 3, 7, 11, \ldots 4, 8, 12, \ldots\}$;

die Ordnungstypen dieser sieben geordneten Mengen sind der Reihe nach (vgl. S. 87):

$$\omega, \ {}^*\omega, \ \omega \cdot 2, \ {}^*\omega \cdot 2, \ \omega + {}^*\omega, \ {}^*\omega + \omega, \ \omega \cdot 4$$ [1]).

Unter jenen sieben geordneten Mengen sind endlich die erste, dritte und siebente wohlgeordnet, d. h. die Ordnungstypen ω, $\omega \cdot 2$, $\omega \cdot 4$ sind unendliche Ordnungszahlen, die übrigen dagegen nicht; z. B. ist die fünfte der angeschriebenen Mengen nicht wohlgeordnet, weil in ihr die Teilmenge der geraden Zahlen (im Gegensatz zur entsprechenden Teilmenge der dritten Menge) kein erstes Element besitzt.

Wie wir eben sahen, ist ω eine unendliche Ordnungszahl. Darüber hinaus erkennen wir sofort, daß *jede unendliche wohlgeordnete Menge Teilmengen von der Ordnungszahl ω besitzt.* Denn ist z. B. m_0 das (nach Definition vorhandene) erste Element der wohlgeordneten Menge M, so enthält M nach S. 111 ein einziges auf m_0 unmittelbar folgendes Element m_1, ebenso ein auf m_1 folgendes m_2, dann ein nächstes m_3 usw.; dieses Verfahren, bei dem zu jedem Element sein Nachfolger herausgegriffen wird, kann ohne Ende fortgesetzt werden, da M unendlich sein sollte. Die Menge der so herausgegriffenen Elemente $\{m_0, m_1, m_2, m_3, \ldots\}$ ist aber eine Teilmenge von M und besitzt die Ordnungszahl ω, womit unsere Behauptung als richtig erwiesen ist.

---

[1]) Die hier und im folgenden öfters angewandte Addition und Multiplikation der Ordnungszahlen bedarf keiner besonderen Erklärung, da diese Operationen in dem in § 9 (S. 88ff.) definierten Rechnen mit Ordnungstypen von selbst mitenthalten sind. Nach dem auf S. 112 erwähnten Satz sind die Summe und das Produkt zweier Ordnungszahlen wieder Ordnungszahlen; doch ist das Ergebnis der Addition bzw. der Multiplikation im allgemeinen natürlich abhängig von der Reihenfolge der Summanden bzw. Faktoren (vgl. die Beispiele auf S. 89f. und S. 92), wie dies ja überhaupt bei der Addition und Multiplikation von Ordnungstypen der Fall ist.

Ist M eine unendliche wohlgeordnete Menge und M_1 die im vorigen Absatz hergestellte, mit dem Anfangselement von M beginnende unendliche Teilmenge $\{m_0, m_1, \ldots\}$ vom Ordnungstypus ω, so ist entweder M mit M_1 identisch oder M läßt sich im Sinn der Addition geordneter Mengen (S. 88) in der Form $M = M_1 + M_2$ schreiben, wobei M_2 ersichtlich die nach Entfernung der Elemente von M_1 übrigbleibende Teilmenge von M bedeutet. Die wohlgeordnete Menge M_1 läßt sich auf eine echte Teilmenge M'_1 ähnlich abbilden durch die Vorschrift, daß jedem Element von M_1 das ihm nachfolgende zugeordnet werden soll; M'_1 enthält dann alle Elemente von M_1 mit Ausnahme des ersten m_0 (das gleichzeitig auch das erste Element der ursprünglichen Menge M ist). Ordnet man noch jedes Element von M_2 sich selber zu und bezeichnet $M'_1 + M_2$ mit M', so erhält man eine ähnliche Abbildung von M auf die echte Teilmenge M', bei der gewisse (sogar unendlich viele) Elemente von M je ihrem *Nachfolger* entsprechen. Ist z. B. M die wohlgeordnete Menge $\{1, 3, 5, \ldots 2, 4, 6, \ldots\}$, so wird $M_1 = \{1, 3, 5, \ldots\}$, $M_2 = \{2, 4, 6, \ldots\}$, $M'_1 = \{3, 5, 7, \ldots\}$ und $M' = \{3, 5, 7, \ldots 2, 4, 6, \ldots\}$; die in Frage stehende ähnliche Abbildung zwischen M und M' läßt sich dann folgendermaßen andeuten:

$$\begin{array}{rccccccccc} M\colon & 1 & 3 & 5 & \ldots & 2 & 4 & 6 & \ldots \\ & \updownarrow & \updownarrow & \updownarrow & & \updownarrow & \updownarrow & \updownarrow & \\ M'\colon & 3 & 5 & 7 & \ldots & 2 & 4 & 6 & \ldots \end{array}$$

Demgegenüber gilt der folgende, für die wohlgeordneten Mengen charakteristische Satz:

Niemals kann bei irgendeiner ähnlichen Abbildung einer wohlgeordneten Menge M auf eine Teilmenge N (M selbst nicht ausgeschlossen) der Fall vorkommen, daß ein Element m von M einem Element n von N zugeordnet ist, das ihm in der Menge M vorangeht.

Denn käme dieser Fall vor, so sei a das erste Element von M, dem ein ihm vorangehendes b zugeordnet ist; b gehört sowohl zu N wie zu M. Entspricht dann weiter dem Element b von M das (in N wie auch in M enthaltene) Element c, so wird die in M geltende Beziehung $b \prec a$ wegen der Ähnlichkeit der Abbildung zwischen M und N die Beziehung $c \prec b$ in N nach sich ziehen; da N eine Teilmenge von M ist, gilt $c \prec b$ auch in M. Es würde also b durch unsere Abbildung dem ihm in M vorangehenden

Element c zugeordnet sein, entgegen unserer Voraussetzung, wonach das (erst auf b folgende) Element a von M das *erste* Element mit solcher Eigenschaft sein sollte; der erhaltene Widerspruch zeigt, daß unsere Annahme falsch, der behauptete Satz also richtig ist. Man beachte, wie wesentlich sich dieser Beweis darauf stützt, daß jede durch irgendwelche Eigenschaft bestimmte Teilmenge von M ein *erstes* Element aufweist; dies kann nur deshalb vorausgesetzt werden, weil M wohlgeordnet sein sollte.

Dem näheren Eingehen auf die Eigenschaften der wohlgeordneten Mengen werde noch eine letzte Erklärung vorangeschickt.

Definition 2. Ist m ein beliebiges Element der wohlgeordneten Menge M, so wird die Teilmenge aller dem Element m vorangehenden Elemente von M ein Abschnitt von M genannt, genauer: der durch das Element m bestimmte Abschnitt von M [1]). Die Ordnungszahl von M (und damit jeder zu M ähnlichen Menge) nennt man größer als die Ordnungszahl jedes Abschnittes von M, die Ordnungszahl jedes Abschnittes von M kleiner als die Ordnungszahl von M selbst.

Aus dieser Definition gewinnen wir eine Größenordnung der Ordnungszahlen, ganz wie wir im § 6 eine Anordnung der Kardinalzahlen nach ihrer Größe durchgeführt haben; nur ist die Größenordnung der Ordnungszahlen, wie wir bald sehen werden, sehr viel durchsichtiger, als die der Kardinalzahlen bisher erschien. Wir haben uns vor allem davon zu überzeugen, daß die gegebene Erklärung der Größenordnung der Ordnungszahlen die drei (auf S. 80 angeführten) Eigenschaften besitzt, ohne die eine Definition der Anordnung keinen vollen Sinn haben würde. Dazu benötigen wir den folgenden Satz, der einen speziellen Fall des Satzes von der vorigen Seite darstellt:

Eine wohlgeordnete Menge ist keinem ihrer Abschnitte ähnlich.

Wäre nämlich entgegen dieser Behauptung der Abschnitt N der wohlgeordneten Menge M ähnlich zu M, so sei n das Element von M, durch das der Abschnitt N (im Sinn der Definition 2) bestimmt ist und das daher allen Elementen des Abschnittes nachfolgt. Das Element n von M wird durch die nach der gemachten Annahme existierende ähnliche Abbildung zwischen M

[1]) Ist m das erste Element von M, so ist demnach die Nullmenge der durch m bestimmte Abschnitt von M.

und N jedenfalls einem Element von N, d. h. einem ihm in M vorangehenden Element, zugeordnet. Da dies nach dem Satz von S. 115 unmöglich ist, trifft die gemachte Behauptung sicherlich zu. — Es sei noch bemerkt, daß hiernach eine beliebige Ordnungszahl μ stets verschieden ist von der Ordnungszahl $\mu + 1$; denn eine Menge von der Ordnungszahl $\mu + 1$ besitzt offenbar stets ein letztes Element, und der durch dieses bestimmte Abschnitt ist von der Ordnungszahl μ.

Sind M und M' zwei ähnliche wohlgeordnete Mengen, so ist nach dem bewiesenen Satz keinesfalls M' einem Abschnitt von M ähnlich, also kann die Ordnungszahl von M', die *gleich* derjenigen von M ist, nicht gleichzeitig *kleiner* sein als letztere. Ist ferner A einem Abschnitt der wohlgeordneten Menge B und B einem Abschnitt der wohlgeordneten Menge C ähnlich, so ist offenbar auch A einem Abschnitt von C ähnlich; auf die Ordnungszahlen übertragen, besagt dies: ist die Ordnungszahl von A kleiner als diejenige von B und diese selbst kleiner als die von C, so ist auch die Ordnungszahl von A kleiner als diejenige von C. Die nämliche Überlegung zeigt endlich, wenn wir C mit A zusammenfallen lassen, daß eine Ordnungszahl nicht gleichzeitig kleiner *und* größer als die nämliche andere Ordnungszahl sein kann; denn das würde besagen, daß A einem Abschnitt von B und B einem Abschnitt von A, also A einem Abschnitt von sich selbst ähnlich wäre. Unsere Definition besitzt also wirklich die in Frage stehenden drei Eigenschaften.

Dagegen ist vorläufig noch nicht entschieden, ob nach unserer Definition überhaupt von je zwei verschiedenen Ordnungszahlen stets eine die kleinere ist; dies würde offenbar mit der Behauptung zusammenfallen, daß von zwei wohlgeordneten Mengen, die einander nicht ähnlich sind, stets eine einem Abschnitt der anderen ähnlich ist. Auf diese wichtige Frage werden wir später (S. 122) noch eingehend zurückkommen; in den zunächst folgenden Überlegungen, in denen (von hier bis S. 121) auf eine vollständige Beweisführung verzichtet wird, soll zuvor ein anderer Gedankengang kurz skizziert werden.

Der Leser überzeugt sich leicht, daß die aus Definition 2 folgende Anordnung der *endlichen* Ordnungszahlen mit der gewöhnlichen Größenordnung der natürlichen Zahlen (und also auch derjenigen der endlichen Kardinalzahlen) übereinstimmt; z. B.

gehört die Ordnungszahl 1 zu dem Abschnitt $\{1\}$ der wohlgeordneten Menge $\{1, 2\}$, die Ordnungszahl 2 zu dem Abschnitt $\{1, 2\}$ der Menge $\{1, 2, 3\}$ usw.; die Ordnungszahl 0 endlich entspricht dem durch die Nullmenge gebildeten Abschnitt einer beliebigen wohlgeordneten Menge, der durch ihr erstes Element bestimmt ist.

Weiter folgt aus Definition 2, daß ω *die kleinste unendliche Ordnungszahl* ist. Denn ist M eine beliebige unendliche wohlgeordnete Menge und $M_1 \simeq \{m_0, m_1, m_2, \ldots\}$ die auf S. 114 hergestellte, mit dem ersten Element m_0 von M beginnende Teilmenge von der Ordnungszahl ω, so ist M_1 entweder mit M identisch oder ein Abschnitt von M. Ist nämlich M_1 nicht mit M identisch, so enthält M noch Elemente n, die auf alle Elemente von M_1 folgen; bedeutet n_0 das erste unter allen derartigen Elementen n von M, so ist offenbar M_1 der durch n_0 bestimmte Abschnitt von M. Demnach ist ω entweder selbst die Ordnungszahl von M oder kleiner als sie; da sich überdies jeder Abschnitt von M_1 als endlich erweist, so trifft unsere Behauptung zu.

Die Tatsache, daß jeder Abschnitt einer wohlgeordneten Menge von der Ordnungszahl ω endlich ist, besagt in Verbindung mit dem Ergebnis des vorigen Absatzes, daß im Sinn unserer Definition *jede endliche Ordnungszahl kleiner ist als jede unendliche Ordnungszahl.*

Ohne Beweis sei hier noch der folgende Satz vermerkt, den sich der Leser an Hand von Beispielen (z. B. für $\mu = 2, 3, \omega, \omega + 1, \omega \cdot 2, \omega \cdot 3$) leicht veranschaulicht:

Ist μ eine beliebige Ordnungszahl, und wird die Menge aller Ordnungszahlen, die kleiner als μ sind, nach der Größe der Ordnungszahlen geordnet, so daß sie mit 0, 1, 2, ... beginnt, so ist diese Menge wohlgeordnet und von der Ordnungszahl μ.

Sind demnach alle Ordnungszahlen bis μ ausschließlich bekannt, so hat man, um die nächstgrößere Ordnungszahl μ zu gewinnen, nur die geordnete Gesamtheit jener Ordnungszahlen als Menge zu betrachten; μ ist dann die Ordnungszahl dieser Menge. Fährt man, mit 0, 1, 2 usw. beginnend, nach dieser Vorschrift unbegrenzt fort, so erhält man die folgende, vollständig bestimmte Reihe, die gewissermaßen *eine Fortsetzung der gewöhnlichen Zahlenreihe über das Unendliche hinaus* bedeutet und eine der kühnsten Schöpfungen CANTORS darstellt:

$$0, 1, 2, 3, \ldots \omega, \quad \omega + 1, \quad \omega + 2, \ldots \quad \omega \cdot 2, \quad \omega \cdot 2 + 1, \ldots$$
$$\omega \cdot 3, \ldots \omega \cdot 4, \ldots, \quad \omega \cdot m + n, \ldots \omega \cdot \omega, \quad \omega \cdot \omega + 1, \ldots$$
$$\omega \cdot \omega + \omega, \ldots \omega \cdot \omega + \omega \cdot 2, \ldots \omega \cdot \omega \cdot \omega, \ldots \omega \cdot \omega \cdot \omega \cdot \omega, \ldots$$

Diese Reihe läßt sich offenbar unbegrenzt fortsetzen und in den dabei auftretenden Ordnungszahlen begegnen uns „unendliche Größen“ der mannigfachsten Art; auf die allgemeine Theorie dieser unendlichen Ordnungszahlen soll hier nicht näher eingegangen werden. Nur folgendes sei kurz bemerkt: man wird naturgemäß zur Abkürzung $\omega \cdot \omega$ mit ω^2, $\omega^2 \cdot \omega$ mit ω^3 usw. bezeichnen, wobei die Exponenten 2, 3, ... wiederum als Ordnungszahlen aufgefaßt werden können; durch eine sinngemäße Verallgemeinerung gelangt man zu Potenzen, deren Exponenten beliebige unendliche Ordnungszahlen sind [1]), und damit zu einer Fortsetzung unserer Reihe von folgender Art (m_4, m_3 usw. bedeuten, ebenso wie oben m und n, *endliche* Ordnungszahlen):

$$\omega^4, \quad \omega^4 + 1, \ldots, \quad \omega^4 \cdot m_4 + \omega^3 \cdot m_3 + \omega^2 \cdot m_2 + \omega \cdot m_1 + m_0,$$
$$\ldots \omega^5, \quad \ldots \omega^6, \quad \ldots \omega^\omega, \quad \omega^\omega + 1, \ldots \quad \omega^\omega + \omega, \ldots$$
$$\omega^{\omega+1}, \quad \ldots \omega^{\omega^2}, \quad \ldots \omega^{\omega^\omega}, \quad \ldots \omega^{\omega^{\omega^\omega}}, \quad \ldots \omega^{\omega^{\omega^{\cdot^{\cdot^{\cdot}}}}}, \quad \ldots\ldots$$

Im Sinn unseres bisherigen Mengenbegriffs (S. 3) würden wir die Gesamtheit aller Ordnungszahlen dieser endlos fortgesetzt gedachten Reihe (bei Anordnung nach der Größe der Ordnungszahlen) als eine wohlgeordnete Menge aufzufassen haben; aus welchen Gründen diese Auffassung als logisch unzulässig betrachtet werden muß und wie demgemäß der in § 2 eingeführte Begriff der Menge abzuändern ist, das wird uns im nächsten Paragraphen beschäftigen.

Zu jeder Ordnungszahl μ gehört eine eindeutig bestimmte Kardinalzahl oder Mächtigkeit, nämlich die Kardinalzahl einer wohlgeordneten Menge von der Ordnungszahl μ. Welche wohlgeordnete Menge hierbei genommen wird, ist gleichgültig, da wohlgeordnete Mengen von der nämlichen Ordnungszahl ja ähnlich, also um so mehr äquivalent sind. (Z. B. gehört zu der kleinsten

[1]) Diese Art der Potenzierung ist aber wesentlich verschieden von der Potenzierung, wie sie in § 8 für Kardinalzahlen erklärt wurde. Für die nähere Aufklärung des Unterschieds wie überhaupt für die Definition der allgemeinen Multiplikation und Potenzierung von Ordnungstypen vergleiche man die Darstellung im 5. und 6. Kapitel des am Schlusse genannten HAUSDORFFschen Buches.

unendlichen Ordnungszahl ω die Kardinalzahl $\mathfrak{a}$, die ja die Mächtigkeit der Menge der natürlichen Zahlen ist.) Umgekehrt gehört zu jeder *endlichen* Kardinalzahl zwar auch eine *eindeutig bestimmte* (gleichbezeichnete) Ordnungszahl (S. 113), zu jeder *unendlichen* Kardinalzahl dagegen gehören offenbar *unendlich viele verschiedene* Ordnungszahlen. Denn ist M eine unendliche wohlgeordnete Menge von der Ordnungszahl μ und der Kardinalzahl $\mathfrak{m}$ und wird zu M ein einziges Element *als letztes* hinzugefügt, so wird die dadurch neu entstehende wohlgeordnete Menge die von μ verschiedene Ordnungszahl $\mu + 1$ besitzen; die Kardinalzahl $\mathfrak{m}$ dagegen bleibt bei einer solchen Hinzufügung unverändert (S. 16f.). Entsprechend gehören zu der Kardinalzahl $\mathfrak{m}$ z. B. auch noch die Ordnungszahlen $\mu + 2$, $\mu + 3$, $\mu + 4$ usw., übrigens auch $\mu + \omega$, $\mu + \omega + 1$ usw. (vgl. Fußnote auf S. 40).

Geht man in der Reihe der Ordnungszahlen von der kleinsten unendlichen Ordnungszahl ω aus und bildet man, im Sinne wachsender Ordnungszahlen fortschreitend, zu jeder Ordnungszahl die zugehörige Kardinalzahl, so erhält man zwar immer zu unendlich vielen verschiedenen Ordnungszahlen je eine und dieselbe Kardinalzahl; dennoch findet man schließlich, wie hier ohne Beweis vermerkt sei, zu jeder auftretenden Kardinalzahl eine größere, und zwar eine *nächstgrößere*. Man bezeichnet die sich so ergebenden Kardinalzahlen der Reihe nach mit $\aleph_0, \aleph_1, \aleph_2, \ldots$ (vgl. S. 42); diese Reihe, die sogenannte „Reihe der Alefs", ist im Sinn unseres bisherigen Mengenbegriffs wiederum eine wohlgeordnete Menge. Im besonderen fällt hiernach $\aleph_0$, als zu der kleinsten unendlichen Ordnungszahl ω (und zu $\omega + 1$, $\omega + 2$ usw.) gehörig, mit der uns wohlbekannten Kardinalzahl $\mathfrak{a}$ der abzählbaren Mengen zusammen. Geht in der Reihe der Alefs die Kardinalzahl $\aleph_\mu$ der Kardinalzahl $\aleph_\nu$ voran, d. h. ist die Ordnungszahl μ kleiner als die Ordnungszahl ν, so ist die Kardinalzahl $\aleph_\mu$ auch im Sinne der Größenordnung der Kardinalzahlen (S. 46) kleiner als die Kardinalzahl $\aleph_\nu$, wie folgende Überlegung zeigt: Ist A eine wohlgeordnete Menge von der Ordnungszahl α und der Kardinalzahl $\aleph_\mu$, B eine wohlgeordnete Menge von der Ordnungszahl β und der Kardinalzahl $\aleph_\nu$, so wird, wenn $\aleph_\mu$ in der Reihe der Alefs vor $\aleph_\nu$ steht, auch α in der Reihe der Ordnungszahlen vor β stehen, also α kleiner sein als β. Das besagt, daß A einem Abschnitt der wohlgeordneten Menge B ähnlich, d. h. einer Teilmenge von B äquivalent ist; daher kann nach S. 51 A nur entweder eine kleinere oder die nämliche Kardinalzahl besitzen wie B, und da $\aleph_\mu$ von $\aleph_\nu$ verschieden sein sollte, ist in der Tat $\aleph_\mu$ kleiner als $\aleph_\nu$.

Näher auf die interessante Theorie der „Alefs", d. h. der Kardinalzahlen wohlgeordneter Mengen, einzugehen, würde für den Rahmen dieser Darstellung zu weit führen; auch die vorangehenden, die Reihe der Ordnungszahlen und die Reihe der Alefs betreffenden Ausführungen sollten nur eine andeutende Übersicht über die Verhältnisse und nicht eine strenge Entwicklung geben. Der Leser findet ausführliche Darstellungen dieser schon von Cantor eingehend erörterten Fragen in den auf S. 154f. genannten Schriften von Cantor, Schoenflies, Hessenberg und Hausdorff.

Wir kehren wieder zu dem auf S. 116 eingeführten Begriff des Abschnitts zurück, um aus ihm gewisse Folgerungen in bezug auf die Vergleichbarkeit der wohlgeordneten Mengen und der Mengen überhaupt zu ziehen.

Vor allem führen wir nochmals das auf S. 116f. bewiesene Ergebnis an als

Satz 1. *Eine wohlgeordnete Menge ist keinem ihrer Abschnitte ähnlich.*

Auf dem nämlichen Wege wie diesen Satz, nämlich unter Benutzung der in dem Satz von S. 115 enthaltenen Eigenschaft jeder ähnlichen Abbildung zwischen einer wohlgeordneten Menge und einer Teilmenge, beweist man den folgenden

Satz 2. *Eine wohlgeordnete Menge kann nur auf eine einzige Weise auf sich selbst oder auf eine ähnliche Menge ähnlich abgebildet werden.*

Bei einer ähnlichen Abbildung der wohlgeordneten Menge M auf sich selbst muß nämlich entweder jedes Element sich selbst zugeordnet sein oder es muß Elemente geben, die vorangehenden Elementen entsprechen; der letztere Fall würde aber dem auf S. 115 angeführten Satze widersprechen und ist daher ausgeschlossen. Daher kann eine wohlgeordnete Menge M auch nicht auf zwei verschiedene Arten auf eine *andere* Menge ähnlich abgebildet werden; denn durch Kombination der beiden Abbildungen könnte man eine Abbildung von M auf sich selbst herstellen, bei der *nicht jedes* Element von M sich selbst entspricht.

Satz 3. *Zwei Abschnitte der nämlichen wohlgeordneten Menge sind entweder miteinander identisch oder einer von ihnen ist ein Abschnitt des anderen.*

In der Tat: ist die Menge M wohlgeordnet und wird der durch das Element a von M bestimmte Abschnitt von M mit A, der durch das Element b von M bestimmte Abschnitt mit B bezeichnet, so ist entweder a mit b identisch oder in der Anordnung der Elemente von M steht a vor b oder b vor a. Im ersten Fall sind die Abschnitte A und B identisch, im zweiten ist A ein Abschnitt von B, im dritten B ein Abschnitt von A; Satz 3 trifft also zu.

Satz 3 besagt, daß die Abschnitte einer und derselben wohlgeordneten Menge M stets vergleichbar sind, daß nämlich die Ordnungszahlen zweier Abschnitte von M entweder gleich sind oder die eine kleiner ist als die andere; denn nach der Definition 2 (S. 116) ist ja die Ordnungszahl eines Abschnitts einer wohlgeordneten Menge kleiner als die Ordnungszahl der Menge selbst. Der jetzt folgende Satz 4, der den bedeutungsvollen Mittelpunkt dieser ganzen Betrachtungsreihe darstellt, enthält darüber hinaus folgende Aussage: die Eigenschaft der Vergleichbarkeit ist nicht auf *Abschnitte der nämlichen* wohlgeordneten Menge beschränkt, sondern sie kommt jedem *beliebigen Paar* wohlgeordneter Mengen zu.

Satz 4. *Zwei wohlgeordnete Mengen sind entweder einander ähnlich oder eine von ihnen ist einem Abschnitt der anderen ähnlich.*

Jede von der Nullmenge verschiedene wohlgeordnete Menge enthält ein erstes Element, ebenso auch noch ein zweites, drittes usw., solange die Menge nicht etwa erschöpft ist. Ist die Menge unendlich und von genügend großer Ordnungszahl, so gelangt man gemäß dem auf S. 114 geführten Beweis zu einem Abschnitt von der Ordnungszahl ω, dann zu Abschnitten von den Ordnungszahlen $\omega + 1$, $\omega + 2$ usw. Wir können diesen Sachverhalt kurz, wenn auch unscharf, bezeichnen durch die Aussage: jede wohlgeordnete Menge besitzt mindestens „im Anfang" ein und dasselbe Bildungsgesetz; die Einzigkeit dieses Bildungsgesetzes drückt sich, etwas genauer gesprochen, darin aus, daß die „anfänglichen" Abschnitte zweier wohlgeordneter Mengen einander bezüglich ähnlich sind. Wir können diese Eigenschaft wohlgeordneter Mengen benutzen, um die „anfänglichen" Elemente wohlgeordneter Mengen einander ähnlich zuzuordnen durch die Vorschrift: Elemente zweier wohlgeordneter Mengen sollen einander dann entsprechen, wenn die durch sie bestimmten Abschnitte ähnlich sind.

Der zu beweisende Satz 4 behauptet nun, daß jene Einzigkeit des Bildungsgesetzes sich nicht auf den „Anfang" einer wohlgeordneten Menge beschränkt, sondern ihr restlos eigentümlich ist; schärfer ausgedrückt: wir können eine ähnliche Zuordnung der Elemente zweier wohlgeordneter Mengen durch die zu Ende des vorigen Absatzes ausgesprochene Vorschrift so weit fortsetzen, bis eine der Mengen oder beide erschöpft sind. Der Gedankengang, wie diese Tatsache bewiesen werden kann, soll unter Verzicht auf vollständige Ausführung nur kurz skizziert werden[1]).

M und N seien zwei wohlgeordnete Mengen, von denen wir gleich annehmen, daß keine von ihnen einem Abschnitt der anderen ähnlich sei; dann behauptet der zu beweisende Satz die Existenz einer ähnlichen Abbildung zwischen M und N; es läßt sich nämlich zeigen, daß die am Schluß des vorletzten Absatzes ausgesprochene Vorschrift wirklich eine ähnliche Abbildung liefert. Ein Element m von M soll hiernach dem Element n von N dann entsprechen (und umgekehrt), wenn der durch m bestimmte Abschnitt von M dem durch n bestimmten Abschnitt von N ähnlich ist. Daß diese Zuordnung umkehrbar eindeutig ist, ist leicht einzusehen. Ebenso überzeugt man sich ohne Schwierigkeit, daß die Reihenfolge zweier Elemente in der einen Menge die nämliche ist wie die der entsprechenden Elemente in der anderen Menge, d. h. daß die Zuordnung auch ähnlich ist. Es erübrigt also nur nachzuweisen, daß unsere Vorschrift auch wirklich *jedem* Element der einen Menge ein Element der anderen zuordnet und umgekehrt; dabei ist wesentlich die gemachte Annahme zu benutzen, wonach keine der beiden Mengen einem Abschnitt der anderen ähnlich sein sollte. Wir können nämlich so schließen: wäre etwa a das erste Element von M, dem unsere Vorschrift kein Element von N zuordnen würde, so würden doch wenigstens allen Elementen, die *vor* a in M auftreten, gewisse Elemente von N vermöge unserer Zuordnung entsprechen, d. h. der durch a bestimmte Abschnitt A von M wäre ähnlich auf eine Teilmenge B von N abgebildet. Da dann voraussetzungsgemäß B nicht mit N identisch sein kann (weil sonst N einem Abschnitt von M ähnlich wäre), so ist B eine echte Teilmenge von N; man überzeugt sich mittels der Zuordnungsvorschrift zwischen den Elementen von B und denjenigen des Abschnittes A (von M), daß auch B ein *Abschnitt* (von N) ist, der etwa durch das Element b bestimmt sei. Gemäß unserer Vorschrift entsprechen dann aber a und b einander; unsere Annahme, wonach dem Element a von M durch die ausgesprochene Vorschrift kein Element von N zugeordnet wird, wäre also als falsch erwiesen. Mit diesem Widerspruch ist die Richtigkeit des Satzes 4 vollständig dargetan.

---

[1]) Vgl. Hessenberg, Grundbegriffe der Mengenlehre, S. 58—60.

Um die Bedeutung des Satzes 4 zu würdigen, erinnern wir uns einer Überlegung, die wir bei der Größenanordnung der Kardinalzahlen anstellten (S. 51ff.). Dort gelangten wir bei der Untersuchung der Frage, wie die Kardinalzahlen zweier gegebener (nicht notwendig geordneter) Mengen M und N sich zueinander verhalten, zur Unterscheidung von vier Fällen; im ersten Fall konnte mittels des Äquivalenzsatzes gezeigt werden, daß M und N äquivalent, ihre Kardinalzahlen also gleich seien; im zweiten und dritten Fall war die Kardinalzahl einer der beiden Mengen kleiner als die der anderen; im vierten Fall endlich, in dem sich die beiden Mengen als unvergleichbar erwiesen, konnte überhaupt nichts Positives über das gegenseitige Verhalten ihrer Kardinalzahlen ausgesagt werden.

Dieser vierte Fall scheidet nun gemäß Satz 4 völlig aus, wenn es sich statt um die Kardinalzahlen beliebiger Mengen um die Ordnungszahlen wohlgeordneter Mengen handelt. Wir können nämlich, wenn wir von den wohlgeordneten Mengen zu ihren Ordnungszahlen übergehen, Satz 4 auch folgendermaßen ausdrücken:

Satz 4a. *Zwei Ordnungszahlen sind entweder gleich oder eine von ihnen ist kleiner als die andere.*

In dieser Fassung wird es offenbar, daß wohlgeordnete Mengen in bezug auf ihre Ordnungszahlen stets vergleichbar sind.

Diese ausnahmslose Vergleichbarkeit der wohlgeordneten Mengen gilt aber nicht nur für ihre Ordnungszahlen, sondern ebenso für ihre Kardinalzahlen. Es seien nämlich M und N zwei beliebige wohlgeordnete Mengen. Sind M und N ähnlich, so sind sie um so mehr äquivalent, ihre Kardinalzahlen also gleich; im anderen Fall ist nach Satz 4 die eine der beiden Mengen — etwa M — einem Abschnitt der anderen — N — ähnlich, d. h. die Ordnungszahl von M ist kleiner als diejenige von N. Daß M einem Abschnitt von N ähnlich ist, besagt im besonderen, daß M einer Teilmenge von N äquivalent ist; von den vier auf S. 51 aufgezählten Möglichkeiten kommen also nur die erste und die dritte in Betracht, d. h. die Kardinalzahl von M ist entweder gleich derjenigen von N oder kleiner als sie. Wir erhalten so das wichtige Ergebnis:

Satz 5. *Wohlgeordnete Mengen sind nicht nur in bezug auf ihre Ordnungszahlen, sondern auch in bezug auf ihre Kardinalzahlen stets vergleichbar: die Kardinalzahlen zweier wohlgeordneter Mengen sind entweder gleich oder eine von ihnen ist kleiner als die andere. Sind M*

und N wohlgeordnete Mengen und ist die Ordnungszahl von M kleiner als die Ordnungszahl von N, so ist die Kardinalzahl von M gleich oder kleiner als die Kardinalzahl von N.

Das einzige Mißliche an diesem weittragenden Satz ist der Umstand, daß er sich nur auf die wohlgeordneten Mengen bezieht, d. h. nur auf eine besondere Klasse der geordneten Mengen, also zunächst nur auf einen recht speziellen Teil der Mengen überhaupt. Es wäre zweifellos äußerst wünschenswert, die Eigenschaft der Vergleichbarkeit *allen* Mengen zu sichern; denn sollen uns die unendlichen Kardinalzahlen eine Verallgemeinerung der gewöhnlichen endlichen Zahlen — wenn auch nicht mit allen Eigenschaften derselben — darstellen, so ist es sicherlich ein unbefriedigendes Gefühl, wenn nach Erklärung der Größenordnung der Kardinalzahlen dennoch solche Paare von Kardinalzahlen denkbar bleiben, in denen die beiden Zahlen zwar verschieden, aber unvergleichbar sind, d. h. keine kleiner ist als die andere.

Dieses Ziel, das Ergebnis des Satzes 5 auf die Gesamtheit aller (nicht notwendig geordneten) Mengen auszudehnen, wird nun durch einen Satz erreicht, der das CANTORsche Gebäude der Theorie der wohlgeordneten Mengen krönt und mit dessen Würdigung wir die Betrachtung dieser Theorie abschließen wollen, nämlich durch den sogenannten *Wohlordnungssatz*:

Satz 6. *Jede Menge kann in die Form einer wohlgeordneten Menge gebracht werden.*

Am nächstliegenden scheint es, zum Beweise dieses Satzes folgenden Gedankengang anzuführen: Man greife aus der beliebig gegebenen Menge ein beliebiges Element heraus, aus der übrigbleibenden Teilmenge ein zweites, aus der neuen Teilmenge ein drittes usw. und setze dieses Verfahren solange fort, bis die gegebene Menge erschöpft ist; ordnet man dann die Elemente der gegebenen Menge in der Reihenfolge an, in der sie bei jenem Verfahren herausgegriffen wurden, so erhält man eine wohlgeordnete Menge.

In Rücksicht auf diesen Gedankengang hat CANTOR den Wohlordnungssatz als ein „grundlegendes und folgenreiches, durch seine Allgemeingültigkeit besonders merkwürdiges Denkgesetz" bezeichnet. Einen *Beweis* des Wohlordnungssatzes hat er dagegen nicht gegeben. Der obige Gedankengang ist nicht als ein eigentlicher — auch nur halbwegs strenger — Beweis anzusehen, vor allem deshalb, weil in keiner Weise gezeigt wird, daß durch das angegebene

Verfahren mit seinem ominösen, begrifflich keineswegs einwandfreien Wörtchen „usw.“ die gegebene Menge wirklich *erschöpft* werden kann. Die Unzulässigkeit des angegebenen Gedankengangs als Beweisverfahren erhellt besonders deutlich aus folgendem: er scheint nicht nur die *Möglichkeit* der Wohlordnung zu erweisen, sondern darüber hinaus zu jeder beliebigen Menge ein *wirkliches Verfahren* zur Ausführung der Wohlordnung anzugeben; dem steht die noch später (S. 147) hervorzuhebende Tatsache gegenüber, daß die wirkliche *Ausführung* der Wohlordnung bis heute noch nicht einmal bei gewissen einfachsten nicht abzählbaren Mengen gelungen ist.

Im Jahre 1904 hat ZERMELO in einer kurzen, aber von bewunderungswürdigem Scharfsinn erfüllten Note im 59. Band der Mathematischen Annalen einen wirklichen *Beweis* des Wohlordnungssatzes geliefert, dem er vier Jahre später im 65. Band der nämlichen Zeitschrift einen weiteren Beweis folgen ließ, welcher sich einer andersartigen Methode bedient, aber letzten Endes auf dem gleichen Grundgedanken wie der erste Beweis beruht. Das gründliche Durchdenken aller Schlüsse der ZERMELOschen Beweise verlangt mehr Übung und Abstraktion, als unsere bisherigen Überlegungen erfordert haben und als es dem Rahmen dieser Darstellung entspricht. Wir wollen daher, ohne uns logische Lückenlosigkeit zum Ziel zu setzen, zum Beweis des Wohlordnungssatzes an einen verhältnismäßig durchsichtigen Gedankengang anknüpfen, den SCHOENFLIES im Anschluß an ZERMELO angegeben hat; wir werden dabei die Grundlage, auf der sich die ZERMELOschen Beweise aufbauen und von der im nächsten Paragraphen noch die Rede sein wird, hinreichend deutlich kennenlernen.

Es sei M eine beliebig gegebene Menge, die nicht geordnet zu sein braucht. Dann bedeute wie auf S. 49 $\mathfrak{U}M$ die Menge aller Teilmengen von M, und zwar hier unter Ausschluß der Nullmenge, aber unter Einschluß von M selbst. In jeder der in $\mathfrak{U}M$ vorkommenden Mengen — d. h. in jeder Teilmenge von M — denken wir uns je ein einziges völlig beliebiges, aber von nun an festes Element ausgewählt und als das *ausgezeichnete Element* der betreffenden Teilmenge bezeichnet; dabei werden verschiedenen Teilmengen natürlich keineswegs stets verschiedene ausgezeichnete Elemente entsprechen, im Gegenteil können wir, wenn m ein beliebiges Element von M ist, die Auswahl z. B. mit der Festsetzung beginnen, daß m das ausgezeichnete Element aller derjenigen Teilmengen von M sein soll, in denen m überhaupt vorkommt. Übrigens erfordert unser Beweis keineswegs, daß die Auswahl der ausgezeichneten Elemente für alle Teilmengen von M durch bestimmte Regeln wirklich getroffen ist; es genügt vielmehr, wenn wir uns die Auswahl als möglich und irgendwie vollzogen vorstellen können.

Nun sei a das ausgezeichnete Element der Menge M selbst; wir bezeichnen die durch Entfernung von a aus M entstehende Teilmenge mit A. Weiter sei b das ausgezeichnete Element von A, und B die Menge, die aus A durch Weglassung des Elementes b entsteht; dann ist B eine Teilmenge von A wie auch von M selbst. Ferner soll N die Bezeichnung einer vorläufig noch nicht bestimmten *geordneten* Menge sein, von der wir zunächst nur festsetzen, daß sie a zum ersten Element und b zum zweiten Element besitzen soll; wir können M als Vereinigungsmenge der (offenbar wohlgeordneten) Menge $B' = \{a, b\}$ und der Menge B auffassen. In gleicher Weise bezeichnen wir das ausgezeichnete Element von B mit c, die durch Entfernung von c aus B entstehende Menge — eine Teilmenge von M — mit C und bestimmen die geordnete Menge N einen Schritt weiter durch: $N = \{a, b, c, \ldots\}$; dann ist M die Vereinigungsmenge der Mengen $C' = \{a, b, c\}$ und C, von denen C' übrigens wohlgeordnet ist. Dieses Verfahren denken wir uns beliebig fortgesetzt, etwa bis wir zu einer gewissen Teilmenge R von M gelangt sind, deren ausgezeichnetes Element s ist. Wir bezeichnen dann die Teilmenge von R, die durch Entfernung von s aus R hervorgeht und die gleichzeitig eine Teilmenge der ursprünglichen Menge M ist, mit S (und ihr ausgezeichnetes Element mit t). Von der geordneten Menge N kennen wir in diesem Augenblick die „ersten Elemente" bis s einschließlich, d. h. das Element s und alle ihm vorangehenden Elemente; bezeichnen wir die Teilmenge von N, die s und alle vorangehenden Elemente enthält und die uns daher völlig bekannt ist, mit S', so erkennen wir, daß $S' = \{a, b, c, \ldots s\}$ nicht nur eine geordnete, sondern sogar eine *wohlgeordnete* Menge ist. Zudem überzeugen wir uns durch nochmaliges Überdenken der Vorschrift unseres Verfahrens, daß die ursprünglich gegebene Menge M sich als die Vereinigungsmenge der wohlgeordneten Menge S' und der (nicht notwendig geordneten) Menge S betrachten läßt, in Formel $M = S' + S$; jedes Element von M gehört nämlich entweder — wenn es ausgezeichnetes Element irgendeiner der bisher aufgetretenen Teilmengen $A, B, C, \ldots R$ ist — zu S' oder (im anderen Fall) zu S. Jedem einzelnen Schritt unseres Verfahrens entspricht eindeutig eine Ordnungszahl, nämlich die Ordnungszahl der gerade ermittelten wohlgeordneten Teilmenge von N (im gegenwärtigen Moment die Ordnungszahl von S'). Umgekehrt entsprechen auch den „ersten" Ordnungszahlen je eindeutig bestimmte Schritte unseres Verfahrens; so entsprechen z. B. den Ordnungszahlen 1 bzw. 2 (als den Ordnungszahlen der wohlgeordneten Mengen $\{a\}$ bzw. $\{a, b\}$) der erste und zweite Schritt. Genau ebenso, wie wir die Reihe der Ordnungszahlen unbegrenzt fortsetzen konnten[1]), wird dies bis zu einer gewisse Grenze auch für unser Verfahren und für die mit ihm verknüpfte Bestimmung einer wohlgeordneten Teilmenge von N gelten.

Diese Grenze aber, von der an wir den Ordnungszahlen keine Fortsetzung unseres Verfahrens mehr zuordnen können, kann nur dadurch

[1]) Gegen diesen Schluß, der bei Zermelo vermieden wird, sind gewisse Einwände möglich; vgl. S. 133.

erreicht werden, daß die gegebene Menge M infolge der sukzessiven Entnahme ausgezeichneter Elemente erschöpft wird. Schärfer ausgedrückt: stellt sich bei einem bestimmten Schritt die gegebene Menge M als Vereinigungsmenge einer wohlgeordneten und einer beliebigen Menge (entsprechend der obigen Beziehung $M = S' + S$) in folgender Form dar: $M = V' + V$ (V' wohlgeordnet, V beliebig), so kann die Nichtfortsetzbarkeit des Verfahrens nur daran liegen, daß V die Nullmenge ist, also überhaupt kein Element enthält. In der Tat: enthält V noch Elemente, und bezeichnen wir das ausgezeichnete Element von V mit w, die durch Entfernung von w aus V entstehende Teilmenge mit W und die wohlgeordnete Menge, die aus V' durch Hinzufügung von w *nach* allen Elementen von V' hervorgeht, mit W', so ist M als Vereinigungsmenge von W' und W darstellbar; wir haben also entgegen der Annahme unser Verfahren um einen Schritt fortsetzen können und mit der Ordnungszahl von W' eine größere Ordnungszahl als die bisherigen erreicht. (Diese beliebige Fortsetzbarkeit des Verfahrens entspricht dem nämlichen Bildungsgesetz, auf Grund dessen wir (S. 118f.) die Reihe der Ordnungszahlen schrittweise bilden und unbegrenzt fortsetzen konnten.) Die Behauptung, daß die an der Grenze unseres Verfahrens auftretende Menge V überhaupt kein Element enthält, war also richtig, die Beziehung $M = V' + V$ lautet $M = V'$; da V' eine wohlgeordnete Menge ist (mit der wir jetzt die bisher nicht völlig bestimmte Menge N identifizieren können und wollen), so haben wir die beliebig gegebene Menge M als eine wohlgeordnete Menge N dargestellt, d. h. der Wohlordnungssatz ist bewiesen.

Unter den Folgen des Wohlordnungssatzes ist die wichtigste diejenige, die sich auf die Vergleichbarkeit beliebiger Mengen in bezug auf ihre Kardinalzahlen bezieht. Sind nämlich irgend zwei (nicht notwendig geordnete) Mengen gegeben, so können wir sie uns auf Grund des Wohlordnungssatzes in wohlgeordnete Mengen verwandelt denken. Nach Satz 5 sind dann beide Mengen nicht nur bezüglich ihrer Ordnungszahlen, sondern auch bezüglich ihrer Kardinalzahlen vergleichbar. Der vierte unter den vier Fällen, die wir auf S. 51 hinsichtlich des gegenseitigen Verhaltens zweier Mengen in bezug auf ihre Kardinalzahlen unterscheiden mußten, wird demnach durch den Wohlordnungssatz ausgeschlossen; vielmehr besteht der folgende einfachere Sachverhalt, der von vornherein zu vermuten war, aber ohne Heranziehung der Wohlordnung nicht bewiesen werden konnte (vgl. S. 55):

Zwei beliebige Mengen sind entweder äquivalent oder eine von ihnen besitzt eine kleinere Kardinalzahl als die andere. Von irgend zwei ungleichen Kardinalzahlen ist also (ganz ebenso wie von zwei verschiedenen gewöhnlichen Zahlen) stets eine kleiner als die andere.

Auf die Einwendungen, die gegen den Wohlordnungssatz erhoben worden sind, soll im nächsten Paragraphen eingegangen werden; dabei wird auch der Unterschied zwischen der *wirklichen Herstellung* einer Wohlordnung einer gegebenen Menge und der *bloßen Möglichkeit* der Wohlordnung, wie sie der Wohlordnungssatz behauptet, deutlich hervortreten. Hier sei in bezug auf die Bedeutung der Wohlordnung nur noch hervorgehoben, daß der Wohlordnungssatz keineswegs allein für das Gebiet der Mengenlehre von Wichtigkeit ist; in verschiedenen (arithmetischen wie analytischen) Gebieten der Mathematik gibt es wichtige und interessante Fragen, deren Beantwortung sich nur unter Benutzung des Wohlordnungssatzes ermöglichen läßt, und dieser Satz muß daher, auch abgesehen von dem besonderen Interesse und Reiz der Mengenlehre, in eine Reihe mit den bekanntesten und berühmtesten mathematischen Lehrsätzen gestellt werden.

§ 12. Logische Paradoxien. Nochmals der Begriff der Menge.

Als im letzten Absatz des vorigen Paragraphen von Einwendungen die Rede war, die gegen den Wohlordnungssatz erhoben worden sind, mag der eine oder andere Leser den Kopf geschüttelt und sich gefragt haben: sind denn Einwendungen gegen mathematisch bewiesene Sätze möglich, handelt es sich denn in der Mengenlehre, die doch eine mathematische Disziplin ist, um Glaubenssachen und nicht vielmehr um ein durch logisch zwingende Schlüsse errichtetes Gebäude? In dieser Beziehung muß sich der Leser allerdings zunächst mit einer Enttäuschung abfinden: das Gebäude der Mengenlehre, wie wir es in seinen Umrissen bisher kennengelernt haben, ist in der Tat nicht vollständig sicher und unangreifbar zusammengefügt. Wir werden nämlich sehen, daß aus unserem bisherigen Mengenbegriff und seiner Verwendung logische Unstimmigkeiten, die sogenannten „Paradoxien der Mengenlehre", hergeleitet werden können, die unsere Überlegungen als unsicher erscheinen lassen. Während der Widerspruch der Mathematiker, der sich in den ersten Jahren (und selbst Jahrzehnten) des CANTORschen Schaffens aus — historisch verständlichem — Mißtrauen gegenüber dem Unendlichen erhoben hatte, allmählich infolge der unbestreitbaren großen Erfolge der jungen Mengenlehre und infolge ihrer sich mehr und mehr systematisch gestaltenden Begründung verstummt war, haben die logischen

Paradoxien aufs neue einzelne, darunter auch ganz hervorragende Mathematiker veranlaßt, die allgemeinen Teile der Mengenlehre abzulehnen; und auch wo dieser prinzipiell abweisende Standpunkt nicht eingenommen wurde, hat begreiflicherweise das Vorhandensein einer mathematischen Disziplin, die sich logische Blößen gab und in der es vielmehr auf subjektive Überzeugung als auf zwingend begründete Erkenntnis anzukommen schien, großes Unbehagen hervorgerufen.

Während zunächst die Versuche der Mathematiker und Philosophen, jene Steine des wissenschaftlichen Anstoßes aus dem Wege zu räumen, keinen ernstlichen Erfolg hatten, ist es dem nämlichen Forscher (ZERMELO), der den Wohlordnungssatz bewiesen hat, vor einem Jahrzehnt gelungen, einen Weg zur Begründung der Mengenlehre vorzuzeichnen, der die logischen Paradoxien vermeidet[1]). Es ist der Weg der sogenannten „axiomatischen Methode", die in neuerer Zeit (namentlich seit D. HILBERTS „Grundlagen der Geometrie" [4. Aufl., Leipzig 1913]) in der Mathematik wichtig geworden ist und auf deren Wesen wir auch hier noch kurz eingehen werden. Im vorliegenden Fall wird durch diese Methode der Begriff der Menge und damit der Bereich der Mengenlehre so weit beschränkt, daß logische Widersprüche ausgeschlossen bleiben und daß die Mengenlehre die gleiche Sicherheit in ihrem Gefüge erhält wie die anderen mathematischen Wissensgebiete. Bei der Betrachtung der von ZERMELO angegebenen axiomatischen Begründung der Mengenlehre werden wir vor allem die besonderen Voraussetzungen (Axiome) kennenlernen, auf die sich die Mengenlehre gründet; wenn auch jede mathematische Lehre — und handle es sich selbst um das Allereinfachste, wie etwa um die Lehre von den natürlichen Zahlen und ihrer Addition — gewisser derartiger Voraussetzungen bedarf, so sind im besonderen die der Mengenlehre zugrunde liegenden Axiome deshalb für die *gesamte* mathematische Wissenschaft von Bedeutung (und gleichzeitig auch erkenntnistheoretisch von erheblichem Interesse), weil die Mengenlehre es mit ganz besonders allgemeinen, in allen Teilen der Mathematik verwendeten

---

[1]) E. ZERMELO, Untersuchungen über die Grundlagen der Mengenlehre. I. Math. Annalen, Bd. 65 (1908), S. 261—281. Man vergleiche zum vorliegenden Paragraphen auch ZERMELOS Ausführungen im nämlichen Bande, S. 111—128, wo er sich mit den gegen seinen ersten Beweis des Wohlordnungssatzes erhobenen Einwendungen auseinandersetzt.

und insofern grundlegenden Begriffen zu tun hat. Bei *einem* unter jenen Axiomen der Mengenlehre, dem sogenannten Auswahlprinzip, werden wir etwas länger verweilen und dabei auch auf gewisse Bedenken zu sprechen kommen, die — abgesehen von den auf die Paradoxien sich stützenden Einwendungen gegen die Mengenlehre im allgemeinen — gegen den Beweis des Wohlordnungssatzes im besonderen geltend gemacht worden sind.

Von den logischen Widersprüchen oder Paradoxien, die mittels der Begriffe unserer mengentheoretischen Betrachtungen hergeleitet werden können, möge nur eine historisch und sachlich besonders wichtige Klasse betrachtet werden. Es handelt sich dabei um Widersprüche, die daraus entstehen, daß „alle" Dinge von einer gewissen Eigenschaft zu einer Menge vereinigt werden. Paradoxien dieser Art können unter Verwendung spezieller oder auch ganz allgemeiner Begriffe der Mengenlehre gebildet werden; wir wollen mit einer Paradoxie allgemeiner Natur beginnen, mit dem RUSSELLschen [1]) Paradoxon.

Eine gegebene Menge enthält entweder sich selbst als Element oder sie enthält sich nicht als Element. Dieses logische (disjunktive) Urteil ist unzweifelhaft richtig, unabhängig von der Frage, ob es wirklich Mengen beider Art gibt; übrigens kann man sich z. B. die „Menge aller abstrakten Begriffe" als Beispiel einer Menge der ersten Art, die Nullmenge als Beispiel für die zweite Art denken. Wir wollen mit M diejenige Menge bezeichnen, welche all die Mengen umfaßt, die sich selbst nicht als Element enthalten. Ist also N irgendeine Menge, die sich selbst nicht als Element enthält, so soll die Menge N ein Element von M sein, und

[1]) Weiteres hierzu und zu anderen Paradoxien sowie zu den Grenzfragen zwischen Mathematik — insbesondere Mengenlehre — und Philosophie überhaupt in B. RUSSELLs Werk: The principles of mathematics, Vol. I (Cambridge 1903) sowie in seiner dreibändigen Fortsetzung: RUSSELL and WHITEHEAD, Principia Mathematica. In diesem Zusammenhang seien weiter einige einschlägige Schriften genannt (deren Standpunkt übrigens großenteils von der im folgenden vertretenen Auffassung erheblich abweicht): J. RICHARD, Sur la philosophie des mathématiques (Paris 1903). L. COUTURAT, Les principes des mathématiques (Paris 1905; deutsch von C. SIEGEL, Leipzig 1908). H. POINCARÉ, Science et méthode (Paris 1908; deutsche Ausgabe v. F. u. L. LINDEMANN, Leipzig 1914). J. KÖNIG, Neue Grundlagen der Logik, Arithmetik u. Mengenlehre (Leipzig 1914). L. E. J. BROUWER, Begründung der Mengenlehre unabh. vom log. Satz vom ausgeschlossenen Dritten, I. Teil (Amsterdam 1918).

umgekehrt soll die Menge M *jede* derartige Menge N als Element enthalten, dagegen keine Menge, die sich selbst als Element enthält. Wir wollen untersuchen, ob die Menge M sich selbst als Element enthält oder nicht.

Es werde zunächst angenommen, M enthalte sich selbst als Element; da dann M ein Element der Menge M ist, welche andererseits nach Voraussetzung nur solche Mengen enthält, die sich selbst *nicht* als Element enthalten, so muß M eine Menge dieser letzteren Art sein; unsere Annahme, daß M sich selbst enthalte, trifft also nicht zu, vielmehr ist aus dem erzielten Widerspruch gegenüber der Annahme zu schließen, daß M sich selbst nicht als Element enthält. Aber auch dieses durch die vorangehende Überlegung anscheinend streng bewiesene Ergebnis führt uns zu einem logischen Widerspruch; denn da M eine Menge ist, die sich nicht als Element enthält, gehört M zu der Klasse von Mengen, die nach der Definition von M die Elemente von M bilden, d. h. M ist ein Element von M. Unser Ergebnis hat also das ihm widersprechende Resultat nach sich gezogen, daß M sich selbst als Element enthalte; es hat so wirklich zu einem logischen Widerspruch geführt[1]). Die Menge M — d. i. die Menge aller Mengen, die sich nicht enthalten — weist demnach die Paradoxie auf, daß sowohl die Annahme, M enthalte sich als Element, wie auch die kontradiktorisch entgegengesetzte Annahme, M enthalte sich nicht als Element, auf einen Widerspruch führt. Die Menge M ist demnach ein in sich widerspruchsvoller Begriff und daher logisch unzulässig, um so mehr mathematisch unzulässig. Da aber in die Definition von M im wesentlichen nur der Begriff der Menge einging, so muß dieser Begriff, auf den sich ja unsere gesamten Überlegungen aufgebaut haben, mindestens in seiner bisherigen Abgrenzung einen Widerspruch in sich bergen.

Eine mit dieser Russellschen Paradoxie nahe verwandte, nur sehr viel trivialere Paradoxie erhalten wir, wenn wir die Menge L aller überhaupt denkbaren Mengen betrachten. Diese Menge scheint die umfassendste überhaupt denkbare Menge darzustellen.

---

[1]) Diese etwas abstrakte und zunächst vielleicht undurchsichtig erscheinende Schlußweise wird dem Leser sogleich verständlich werden, wenn er versucht, sie einmal selbständig durchzudenken; er braucht nur einen der Fälle zu setzen, daß die Menge M entweder sich selbst als Element enthalte oder nicht, und wird daraus von selbst auf einen Widerspruch schließen.

Dennoch können wir im Widerspruch zu diesem Wesen von L leicht eine noch umfassendere Menge bilden, z. B. dadurch, daß wir die Menge aller Teilmengen von L bilden, die nach S. 50 sogar eine größere Mächtigkeit besitzt als L; wir bilden so paradoxerweise zu der „denkbar umfassendsten" Menge eine „noch umfassendere". Die Menge aller Mengen — und ebenso das „All", d. i. die Menge „aller Dinge" — ist also gleichfalls ein in sich widerspruchsvoller Begriff.

Wesentlicheren Gebrauch von den Begriffen und Ergebnissen der Mengenlehre als die bisher angeführten Paradoxien macht die historisch älteste Paradoxie, auf die in der Literatur zuerst BURALI-FORTI im Jahre 1897 hingewiesen hat. Es handelt sich dabei um die im vorigen Paragraphen (S. 119) betrachtete Reihe der Ordnungszahlen (d. h. der Ordnungstypen der wohlgeordneten Mengen), die wir ihrer Größe nach angeordnet haben. Wir denken uns nun die Menge gebildet, die aus *allen* Ordnungszahlen besteht; ordnen wir die Ordnungszahlen ihrer Größe nach, so erhalten wir (vgl. S. 118) eine nicht nur geordnete, sondern sogar wohlgeordnete Menge, die mit W bezeichnet werde. Die Ordnungszahl der wohlgeordneten Menge W sei φ; gemäß dem auf S. 118 erwähnten Satze ist dann jede in W vorkommende Ordnungszahl kleiner als φ. Die Ordnungszahl φ ist demnach in der Menge W nicht enthalten; dies widerspricht aber unserer Annahme, wonach W *alle* Ordnungszahlen enthalten sollte. Auch die Menge W, die wohlgeordnete Menge aller Ordnungszahlen, ist also ein in sich widerspruchsvoller Begriff.

Offenbar besteht eine nahe Verwandtschaft zwischen diesen Paradoxien und den Antinomien, die KANT in der „Kritik der reinen Vernunft" aufgestellt hat (z. B. denjenigen, die entstehen, wenn wir die Natur als ein abgeschlossenes Ganzes betrachten). Es lassen sich übrigens direkt aus Paradoxien der angeführten Art, z. B. der RUSSELLschen, ähnliche ableiten, in denen der Mengenbegriff überhaupt nicht mehr vorkommt und die mit Mathematik gar nichts zu tun haben. Erwähnt sei z. B. die folgende (ebenfalls von RUSSELL angegebene): Ein Begriff möge „prädikabel" heißen, wenn er von sich selbst ausgesagt werden kann; z. B. ist der Begriff „abstrakt" sicherlich abstrakt, „abstrakt" ist also ein prädikabler Begriff. Im anderen Fall dagegen, wo ein Begriff nicht von sich selbst ausgesagt werden kann, möge der Begriff als „imprädikabel" bezeichnet werden; so ist z. B. der Begriff „konkret" imprädikabel, denn er ist wie jeder Begriff abstrakt, also nicht konkret. „Prädikabel" und „imprädikabel" sind demnach (kontradiktorische) Gegensätze; jeder Begriff ist entweder prädikabel oder imprädikabel. Wir wollen nun untersuchen, ob der Begriff „imprädikabel" prädikabel oder imprädikabel ist. Angenommen, er sei prädikabel; dann ist er nicht imprädikabel, kann also nicht von sich ausgesagt werden; das würde aber nach der Definition von „imprädikabel" gerade besagen, daß er imprädikabel wäre, so daß wir zu einem Widerspruch mit unserer Annahme gelangen; diese muß also falsch sein und damit ist anscheinend bewiesen, daß „imprädikabel" ein imprädikabler Begriff ist. Aber auch dieses Urteil enthält einen Widerspruch; denn es besagt ja gerade, daß der Begriff „imprädikabel" von sich selbst ausgesagt werden kann, also prädikabel ist. Der Begriff „imprädikabel" ist also in ganz ähnlicher Weise in sich widerspruchsvoll wie der Begriff der Menge aller Mengen, die sich nicht enthalten[1]).

Ohne auf die *logische* Seite dieser und anderer Paradoxien näher eingehen zu wollen, erheben wir vom *mathematischen* Standpunkt aus die Forderung einer solchen Umgrenzung des Mengenbegriffs und einer derartigen Begründung der Mengenlehre, daß logische Widersprüche im mengentheoretischen Gebäude ausgeschlossen sind. Denn ist diese Forderung nicht erfüllt, so haben wir auf trügerischen Sand gebaut; wer bürgt uns dafür, daß die Mengen, die in unseren früheren Betrachtungen aufgetreten sind, und die Ergebnisse, die wir für sie hergeleitet haben, nicht ähnliche Widersprüche enthalten wie z. B. die RUSSELLsche Menge M und wie die Urteile, die wir uns von ihr zu bilden versucht haben?

Die *axiomatische Methode*, die in den letzten Jahrzehnten zur Begründung der Geometrie wie auch der Arithmetik verfolgt worden ist und mittels deren ZERMELO nun auch der Mengenlehre neue Grundlagen verschafft hat, geht hier in folgender Weise vor: Man

[1]) Zur Kritik dieser Paradoxie vgl. H. WEYL, Das Kontinuum (Leipzig 1918), S. 1—2. Der logisch und mathematisch geübte Leser sei überhaupt hingewiesen auf die tief schürfende WEYLsche Schrift, die in bezug auf die Grundlagen der Mathematik (im besonderen also auch der Mengenlehre) einen Standpunkt einnimmt, der den in der Mathematik herrschenden (und auch im vorliegenden Büchlein vertretenen) Anschauungen scharf widerspricht.

sieht völlig ab von der Definition, die CANTOR für den Begriff der Menge gegeben hat (vgl. S. 3); vielmehr soll ohne jede *Definition* des Mengenbegriffs und ebenso ohne Definition der Aussage „eine Menge enthält ein Ding als Element" eine Reihe von Sätzen — im ganzen sieben Sätze — als gültig angenommen werden, in denen die undefinierten Begriffe „Menge" und „Elemente einer Menge" vorkommen. Die Eigenschaften des Begriffs „Menge" und der Beziehung „m ist ein Element der Menge M", wie sie in diesen sieben Sätzen oder „Axiomen" zum Ausdruck kommen, sollen die fehlenden Definitionen ersetzen; wir werden also über jenen Begriff und jene Beziehung nichts Weiteres voraussetzen und ihnen keine anderen Eigenschaften zuschreiben als diejenigen, die sich aus den sieben Axiomen auf dem Weg deduktiver Folgerungen ergeben. Die Axiome teilen dem Begriff der Menge solchen Umfang zu, daß zwar alle mathematisch wichtigen, nicht aber die in sich widerspruchsvollen Mengen unter ihn fallen; ferner lassen sich alle Lehrsätze, die man, ausgehend von der CANTORschen Definition der Menge, für die einwandfreien Mengen beweisen kann, aus den Axiomen herleiten, sie sind also richtig unter der Voraussetzung, daß die sieben Axiome zutreffen. Die Axiome werden wir sogleich kennenlernen. Dagegen soll darauf verzichtet werden, die Herleitung der ganzen Theorie aus den Axiomen darzustellen; eine solche Darstellung würde sich nämlich nicht nur recht umfangreich gestalten, sondern viele Teile, z. B. die Entwicklung der Begriffe der Äquivalenz und der geordneten Menge aus den Axiomen, sind auch ziemlich schwieriger Natur und würden aus dem Rahmen der vorliegenden Darstellung herausfallen. Wir wollen uns daher damit begnügen, bei den einzelnen Axiomen auf den Zweck, den ihre Aufstellung verfolgt, hinzuweisen und wenigstens anzudeuten, wie man von ihnen zu den wichtigsten uns vertrauten mengentheoretischen Begriffen und Überlegungen gelangt.

Bevor wir uns zu den Axiomen wenden, seien noch einige allgemeine Bemerkungen über die axiomatische Methode vorausgeschickt. Als Axiome werden gewisse Sätze gewählt, die möglichst unmittelbar einleuchtend erscheinen, in der CANTORschen Mengenlehre jedenfalls erfüllt sind und tunlichst gerade so viel, aber nicht mehr, an Aussagen enthalten, um die sicheren und einwandfreien mengentheoretischen Überlegungen aus ihnen herleiten zu können. Das aus den Axiomen neu errichtete

Gebäude der Mengenlehre bedarf nun eigentlich des strengen Nachweises, daß in ihm logische Widersprüche nicht auftreten können; denn ohne diesen Nachweis wäre ja, wenn auch die alten Paradoxien beseitigt sein sollten, das Auftreten neuer Widersprüche jederzeit möglich, und wir hätten also mit unserem Vorgehen nichts Wesentliches gewonnen. Der ideale Weg zur Erzielung jenes Nachweises, daß in der axiomatisch begründeten Mengenlehre logische Widersprüche ausgeschlossen sind, wäre folgender: man hätte zu zeigen, daß erstens jedes der Axiome für sich logisch zulässig, d. h. widerspruchslos ist, und daß zweitens die Axiome in ihrer Gesamtheit miteinander verträglich sind, daß sich also nicht etwa aus einem von ihnen ein logischer Widerspruch gegen ein anderes herleiten läßt[1]). Ein derartiger Nachweis der absoluten Widerspruchslosigkeit dürfte aber außerhalb des Gebietes liegen, innerhalb dessen die mathematische Betrachtung entscheidende Erfolge aufzuweisen hat; und auch mit erkenntnistheoretischen Mitteln läßt sich diese Aufgabe nicht wohl restlos bewältigen[2]). Eine Förderung des gestellten Problems ist vielmehr allgemein nur möglich im Sinne der Gewinnung eines Urteils folgender Art: *Wenn* ein gewisses anderes System von Axiomen frei von logischen Widersprüchen ist, dann gilt das Nämliche von dem gerade betrachteten Axiomensystem. Eine derartige Zurückführung der Axiome der Mengenlehre auf ein anderes Axiomensystem ist innerhalb der Mathematik, deren Fundamente ja gerade die Mengenlehre liefern soll, offenbar nicht möglich; es käme dafür höchstens ein Axiomensystem der *Logik* in Betracht. Wir müssen uns daher mit einem axiomatischen Aufbau der

[1]) Um dies zu verdeutlichen, stellen wir uns vor, die gewöhnliche Euklidische Geometrie wäre begründet auf einem System von Axiomen, von denen etwa eines lautete: „es gibt ein bestimmtes ebenes Grunddreieck im Raum", ein zweites: „das Grunddreieck hat einen rechten Winkel", ein drittes: „die Seiten des Grunddreiecks sind gleichlang". Dann ist jedes dieser drei Axiome für sich widerspruchslos; zusammengenommen enthalten sie jedoch einen Widerspruch, weil in der Euklidischen Geometrie ein gleichseitiges Dreieck niemals rechtwinklig ist, und in einer Geometrie, die sich auf ein solches widerspruchsvolles Axiomensystem gründet, könnte man die unsinnigsten Sätze beweisen.

[2]) Bemerkenswerte Schritte in dieser Richtung hat namentlich B. Russell gemacht (siehe das Zitat auf S. 131). Man vergleiche hierzu D. Hilberts Aufsatz „Axiomatisches Denken" (Math. Annalen, Bd. 78 [1918], S. 405—415, nam. 411 f.).

Mengenlehre von solcher Art begnügen, daß in ihm alle uns bekannten logischen Widersprüche ausgeschlossen bleiben und daß wir darüber hinaus das Gefühl eines einwandfreien, auch weiteren Widersprüchen keinen Raum bietenden Systems haben — mag dieses Gefühl nun ganz subjektiv sein oder sich auf eine Beziehung unseres Systems zu einem anderen (etwa einem logischen) System gründen, das uns als über jeden Zweifel erhaben gilt. Die Notwendigkeit einer derartigen letzten Berufung auf die subjektive, etwa auf Erfahrung gegründete Überzeugung von der Unerschütterlichkeit irgendeines Wissensgebäudes ist nicht etwa eine Besonderheit der Mengenlehre; die Begründung einer jeden Wissenschaft — speziell auch jeder mathematischen Disziplin — enthält letzten Endes die Voraussetzung des mehr oder minder selbstverständlichen Vertrauens auf die Gültigkeit bestimmter Wahrheiten, von denen alle Ergebnisse der betreffenden Disziplin logisch abhängig sind, und alle Wissenschaft beruht somit auf gewissen Glaubens- oder Erfahrungssätzen, mögen diese auch noch so selbstverständlich sein oder scheinen. So läuft z. B. die gewöhnliche Methode der strengen Begründung der Geometrie auf den Nachweis hinaus, daß die geometrischen Begriffe und Sätze widerspruchsfrei sind, falls das Nämliche von den Grundlagen der Arithmetik gilt; wer aber etwa der Meinung sein sollte, es könne z. B. schon das bloße Addieren und Subtrahieren der ganzen Zahlen zu Widersprüchen führen (die ihren Grund nur darin haben könnten, daß die der Lehre von den ganzen Zahlen zugrunde liegenden Axiome einen uns noch unbekannten Widerpruch in sich bergen[1])), der kann auf logische Weise nicht wohl ad absurdum geführt werden und für den entbehrt jener Nachweis der Widerspruchslosigkeit der Geometrie natürlich jeder entscheidenden Bedeutung.

[1]) Stellen wir uns z. B. vor, es bestehe ein (bisher nicht entdeckter, aber etwa eines Tages aufgefundener und bewiesener) Satz der folgenden Art: Wie immer man mehr als 10 (oder: mehr als 100, usw.) verschiedene Begriffe miteinander logisch kombiniert, so wird sich immer ein Widerspruch ergeben. Träfe ein derartiger Satz zu, so dürfte man nur bis 10 zählen und könnte höchstens mit 10 Zahlen widerspruchsfrei rechnen. Jedes Axiomensystem für die Gesamtheit aller natürlichen Zahlen würde dann notwendigerweise einen Widerspruch in sich bergen. Andererseits wird über die Möglichkeit des rein mathematischen oder logischen (also sich nicht auf die Erfahrung berufenden) Beweises dafür, daß *kein* Satz der angeführten Art gelten kann, mindestens eine einhellige Auffassung nicht zu erzielen sein.

Wir wenden uns nunmehr zu den sieben Axiomen der Mengenlehre. Die „Elemente" können einem beliebig weit zu wählenden Bereich von Dingen und Begriffen entstammen, z. B. dem Bereich aller Dinge der Außenwelt und aller logischen Begriffe; der Bereich selbst ist nicht etwa als Menge zu denken und wird uns überhaupt nicht weiter beschäftigen. Auch die „Mengen" sind gewisse Angehörige jenes Bereichs, nämlich all diejenigen, die irgendwelche „Elemente" „enthalten" (und dazu die ausdrücklich genannte Nullmenge). Da die „Mengen" demnach gewisse besondere „Elemente" sind, so können die Elemente einer Menge ihrerseits sämtlich oder teilweise Mengen sein. Dabei werde aber nochmals hervorgehoben, daß die in den Axiomen vorkommenden Begriffe „Menge" und „enthalten" nicht etwa von vornherein definiert sind, sondern ihren Sinn ausschließlich durch die in den Axiomen enthaltenen Aussagen bekommen. Unter vorläufiger Zurückstellung zweier Axiome, auf die wir noch besonders zu sprechen kommen, führen wir die fünf folgenden an:

1. *Axiom der Elementarmengen:* Es gibt eine (uneigentliche) Menge, die überhaupt kein Element enthält (die „Nullmenge" 0); ist a irgend ein Element, so gibt es eine Menge $\{a\}$, die a und kein weiteres Element enthält; sind a und b irgend zwei Elemente, so gibt es eine Menge $\{a, b\}$, die die beiden Elemente a und b, aber keine weiteren enthält.

2. *Axiom der Aussonderung:* $\mathfrak{E}(x)$ bedeute ein Eigenschaftsurteil, d. h. die Aussage irgendeiner bestimmten Eigenschaft von einem Element x, z. B. „x ist schwarz" oder „x ist eine algebraische Zahl" oder „x ist in einer gewissen Menge enthalten". Dann besagt unser Axiom: Ist M eine Menge von solcher Art, daß für jedes Element x von M eindeutig entscheidbar ist, ob es die Eigenschaft $\mathfrak{E}(x)$ besitzt oder nicht, so gibt es eine Menge M', welche all diejenigen Elemente x von M enthält, die die Eigenschaft $\mathfrak{E}(x)$ besitzen, aber auch *nur* diese Elemente. M' wird — wie jede Menge, deren Elemente sämtlich auch Elemente von M sind — als eine *Teilmenge* von M bezeichnet (und kann mit M selbst oder auch mit der Nullmenge zusammenfallen).

3. *Axiom der Potenzmenge:* Ist M eine Menge, so gibt es eine Menge $\mathfrak{U}M$, die alle Teilmengen von M und nur sie als Elemente enthält (die *Potenzmenge* von M, vgl. S. 75).

4. *Axiom der Vereinigung:* Ist M eine Menge, deren Elemente

(sämtlich oder teilweise) selbst Mengen sind, so gibt es eine Menge, die die Elemente der in M enthaltenen Mengen, aber keine weiteren Elemente enthält (die *Vereinigungsmenge* von M)[1]).

5. *Axiom des Unendlichen:* Es gibt mindestens eine Menge Z, die erstens die Nullmenge als Element enthält und zweitens folgende Eigenschaft hat: Ist a ein Element von Z, so ist auch die Menge $\{a\}$ (d. i. die Menge, die nur das Element a enthält) ein Element von Z.

Die angeführten fünf Axiome umgrenzen uns im wesentlichen den Umfang des Mengenbegriffs. Es könnte auf den ersten Anblick scheinen, als sei dieser Umfang sehr beschränkt und jedenfalls bei weitem nicht hinreichend, um die in unseren früheren Betrachtungen vorkommenden Mengen zuzulassen. Lassen wir einen Augenblick aus der Reihe dieser fünf Axiome das letzte, das Axiom des Unendlichen, beiseite, so gelten in der Tat nur mehr die endlichen Mengen als zulässig. Denn das Axiom der Elementarmengen liefert uns zunächst nur Mengen von höchstens 2 Elementen; wir können daher im Axiom der Vereinigung für M eine Menge von 2 solchen Elementen einsetzen, die selbst Mengen von 1 oder 2 Elementen sind, und gelangen durch Bildung der Vereinigungsmenge zunächst zu Mengen von 3 oder 4 Elementen, dann durch sukzessive Fortsetzung dieses Verfahrens zu Mengen, die eine beliebige endliche Anzahl von Elementen enthalten. Unendliche Mengen können wir dagegen mittels des Axioms der Vereinigung zunächst nicht bilden, da wir in ihm wie in jedem anderen Axiom natürlich für M nur eine bereits als zulässig (existierend) erkannte, also vorläufig nur eine endliche Menge einsetzen dürfen. Da ferner jede Teilmenge einer endlichen Menge endlich ist und überdies eine endliche Menge nur endlich viele Teilmengen besitzt, so können wir auch mittels der Axiome der Aussonderung und der Potenzmenge zunächst nur zu endlichen Mengen gelangen. Die vier ersten Axiome zusammengenommen gestatten also wirklich nur die Bildung endlicher Mengen.

Anders gestalten sich die Verhältnisse bei Hinzunahme des Axioms des Unendlichen. Dessen Inhalt wird klarer durch die Einführung folgender Bezeichnungsart (bei der wir die Schreibweise

[1]) Für die Bildung der Vereinigungsmenge kommen demnach nur diejenigen Elemente von M in Betracht, die ihrerseits (von 0 verschiedene) Mengen sind.

der natürlichen Zahlen benutzen, ohne dadurch sachlich eine besondere Annahme zu machen): wir bezeichnen die Nullmenge durch a_0 und die Menge $\{a_0\}$ (d. i. die Menge, die die Nullmenge a_0 als einziges Element enthält[1])) auch durch a_1; ebenso schreiben wir an Stelle von $\{a_1\}$ auch a_2, an Stelle von $\{a_2\}$ auch a_3 usw., allgemein an Stelle von $\{a_i\}$, wo i irgendeine natürliche Zahl bedeutet, auch a_{i+1}. Nach dem Axiom des Unendlichen gibt es dann eine Menge Z, die sämtliche Mengen a_0, a_1, a_2, a_3 usw. als Elemente enthält; hieraus läßt sich weiter auf die Existenz einer Teilmenge Z_0 von Z schließen, die *nur* die Mengen a_0, a_1, a_2 usw. und keine weiteren Elemente enthält. Man überzeugt sich leicht (den Äquivalenzbegriff als schon eingeführt vorausgesetzt), daß die Menge Z_0 einer echten Teilmenge von sich selbst, z. B. der Menge $\{a_1, a_2, a_3, \ldots\}$, äquivalent ist, daß sie also im Sinne der Definition 3 von S. 15 eine unendliche Menge darstellt. Die Bezeichnung der Elemente von Z_0 zeigt übrigens auf den ersten Blick, daß Z_0 eine abzählbare Menge ist und somit äquivalent ist der Menge der natürlichen Zahlen.

Aus der Menge Z_0 lassen sich nun mittels der übrigen vier Axiome die mannigfachsten unendlichen Mengen bilden. Z. B. erhält man die Menge aller reellen Zahlen bzw. eine zu ihr äquivalente durch Bildung der Potenzmenge $\mathfrak{U}Z_0$ von Z_0 (vgl. S. 77). Zu der Menge aller algebraischen oder aller transzendenten Zahlen gelangt man, ausgehend von der Menge aller reellen Zahlen, durch das Axiom der Aussonderung; in diesem ist nämlich das Wort „entscheidbar" nur im Sinne der „internen" Entscheidung (vgl. S. 9) zu verstehen, d. h. es genügt, wenn die Entscheidung, ob x die Eigenschaft $\mathfrak{E}(x)$ besitzt oder nicht, für jedes Element von M nur begrifflich feststeht, ohne daß sie im konkreten Fall auch wirklich herbeizuführen zu sein braucht; da eine reelle Zahl nur entweder algebraisch oder transzendent sein kann, ein Drittes aber ausgeschlossen ist, so sind zugleich mit der Menge der reellen Zahlen auch die Mengen der algebraischen und der transzendenten Zahlen im Sinne unserer Axiome zulässig[2]). Weiter gelangt man

[1]) Die Menge $\{a_0\}$ ist von der Nullmenge a_0 sicherlich logisch verschieden, da ja a_0 nach Definition überhaupt kein Element, $\{a_0\}$ dagegen das Element a_0 enthält. Ähnlich kann man schließen, daß jede der oben eingeführten Mengen a_i von der Menge $a_{i+1} = \{a_i\}$ verschieden ist.

[2]) Die entsprechende Schlußweise ist dagegen z. B. für die Menge aller Mengen, die sich selbst nicht enthalten, nicht zulässig. Denn die

z. B. von der Menge der reellen Zahlen auf Grund des Axioms der Potenzmenge zu einer Menge, die äquivalent ist der Menge aller Funktionen einer reellen Veränderlichen (vgl. S. 43 und 77). Endlich sei hier ohne Beweis (vgl. dazu die Fußnote auf S. 149) noch erwähnt, daß man auf Grund der angeführten Axiome, namentlich derjenigen der Vereinigung und der Potenzmenge, auch die Existenz der *Verbindungsmenge* (S. 62f.) zweier Mengen oder einer beliebigen Menge von Mengen nachweisen kann; um die Multiplikation von Mengen auszuführen, bedürfen wir also keiner besonderen Voraussetzung mehr.

Im sachlichen wie historischen Interesse werde zum Axiom des Unendlichen noch folgendes erwähnt: Die Existenz einer unendlichen Menge, wie sie dieses Axiom behauptet, wurde früher von den Mathematikern als eine beweisbare Tatsache betrachtet, die also keines Axiomes bedürfte. Der wichtigste Versuch eines Beweises dafür, daß es unendliche Mengen gibt, stammt von DEDEKIND; er ist in seiner auch heute noch sehr lesenswerten Schrift „Was sind und was sollen die Zahlen?" (2. Aufl., Braunschweig 1893, S. 17f.) enthalten und geht in folgender Weise vor: M sei die Menge aller Gegenstände unseres Denkens, m irgendein Element von M, d. h. irgendein Gegenstand unseres Denkens. Ferner bedeute $\varphi(m)$ das Urteil „m ist ein Gegenstand unseres Denkens". Sicherlich ist auch jedes Urteil der Form $\varphi(m)$ ein Gegenstand unseres Denkens; die Menge aller Urteile $\varphi(m)$ werde mit N bezeichnet, sie stellt eine Teilmenge von M dar und zwar, da nicht jeder Gegenstand unseres Denkens ein Urteil der Form $\varphi(m)$ ist, eine *echte* Teilmenge von M. Dann entspricht jedem Gegenstand unseres Denkens m ein einziges Urteil $\varphi(m)$, aber auch jedem Urteil $\varphi(m)$ ein einziger Gegenstand m; die Mengen M und N sind also äquivalent. Die Menge M ist demnach einer echten Teilmenge von sich selbst äquivalent, d. h. sie ist (vgl. S. 15) eine unendliche Menge.

Dieser Beweis leidet an folgendem Mangel: Die Menge M ist

Bildung dieser Menge aus der „Menge *aller* Mengen" wäre zwar nach dem Axiom der Aussonderung zulässig — aber nur, wenn die Menge aller Mengen selbst eine zulässige Menge wäre. Unsere Axiome berechtigen uns aber ersichtlich nicht zur Annahme dieser Zulässigkeit (vielmehr kann man auf Grund der Axiome geradezu *beweisen*, daß die Gesamtheit aller Mengen nicht selbst als Menge aufgefaßt werden kann); daher dürfen wir im Axiom der Aussonderung nicht etwa für M die Menge aller Mengen einsetzen.

zwar eine zulässige Menge auf Grund der CANTORschen Mengendefinition, aber sie ist als eine Menge, die *alle möglichen* Elemente einer gewissen Art umfaßt, von ähnlichem Bau wie die Menge aller Mengen, die sich selbst nicht enthalten, oder wie die Menge W aller Ordnungszahlen; man kann von ihr in entsprechender Weise wie von den genannten Mengen zu logischen Widersprüchen gelangen und sie darf daher als mathematisches Beweismittel nicht benutzt werden. Von unserem axiomatischen Standpunkt aus kommt denn auch dieser Beweis für die Existenz unendlicher Mengen nicht in Betracht; denn die Menge M aller Gegenstände unseres Denkens, die das wesentliche Hilfsmittel des Beweises darstellte, kann jedenfalls auf Grund unserer Axiome nicht gebildet werden und gilt uns daher überhaupt nicht als Menge. In der Tat ist das Axiom des Unendlichen logisch unabhängig von den übrigen in dem neuen Aufbau der Mengenlehre vorkommenden Axiomen; die Existenz unendlicher Mengen darf also nicht als beweisbar betrachtet, sondern muß als Voraussetzung gefordert werden.

Es sollen nunmehr die noch fehlenden zwei Axiome formuliert werden. Das erste von ihnen dient nur der Präzisierung des (nicht definierten) Mengenbegriffs:

6. *Axiom der Bestimmtheit:* Sind M und N zwei Mengen und ist jedes Element von M gleichzeitig ein Element von N und umgekehrt, so sind die Mengen M und N identisch.

Dieses Axiom besagt also, daß jede Menge durch die Gesamtheit ihrer Elemente völlig bestimmt sein soll; dies gibt uns erst die Berechtigung zu der üblichen Schreibweise: $M = \{a, b, c, \ldots\}$.

Sachlich und historisch bedeutungsvoller ist das letzte Axiom, bei dem wir etwas länger verweilen wollen und das wir in folgender Form aussprechen:

7. *Axiom der Auswahl* oder *Auswahlprinzip:* Es bedeute M eine Menge $\{A, B, C, \ldots\}$, deren Elemente selbst lauter Mengen seien (unter denen aber die Nullmenge nicht vorkommen möge). Dann besagt das Auswahlprinzip: Es ist möglich, aus jeder der in M enthaltenen Mengen A, B, C, ... je ein einziges Element a, b, c, ... auszuwählen und aus den ausgewählten Elementen eine Menge $N = \{a, b, c, \ldots\}$ zu bilden.

Das Auswahlprinzip behauptet also namentlich für den Fall, daß eine Menge M in paarweise elementefremde (und von Null verschiedene) Teilmengen zerfällt, die Existenz einer Menge N, die mit jeder dieser Teilmengen je ein einziges Element gemeinsam hat. In dieser engeren Fassung, aus der sich die obige mittels der übrigen Axiome deduktiv ableiten läßt, hat es ZERMELO formuliert.

Es könnte scheinen, als ob die Möglichkeit jener Auswahl etwas ganz Selbstverständliches sei, und wirklich ist von ihr Gebrauch gemacht worden, lange bevor man das Axiom der Auswahl als solches formuliert oder bevor man sich auch nur überhaupt klargemacht hatte, daß in der Möglichkeit der Auswahl irgend etwas Neues enthalten sei. Daß es sich bei der Auswahl keineswegs um eine Selbstverständlichkeit handelt, liegt an folgendem: Ist eine Menge $M = \{A, B, C, \ldots\}$ von Mengen gegeben, so ist es zwar, sobald M eine endliche Menge ist und von jeder der endlich vielen Mengen A, B, C, ... jeweils Elemente bekannt sind, zweifellos möglich, aus jeder einzeln vorgelegten dieser Mengen je ein Element herauszugreifen. Weit über diese Tatsache hinausgehend ist aber die Behauptung, daß es möglich sei, wenn eine Gesamtheit von unendlich vielen Mengen A, B, C, ... gegeben ist (in Form einer Menge M), durch ein *System von gleichzeitig gedachten Wahlakten* aus jeder der Mengen A, B, C, ... je ein einziges Element auszuwählen. Dies soll namentlich auch dann zulässig sein, wenn es nicht möglich ist, die herauszugreifenden Elemente etwa in Form einer mathematischen oder andersartigen Gesetzmäßigkeit *allgemein vorzuschreiben;* ein Beispiel für diesen Fall werden wir auf S. 147 kennenlernen, in ihm erweist sich das Auswahlprinzip als eine wesentliche und durchaus nicht selbstverständliche Forderung. Noch offensichtlicher wird die Notwendigkeit der besonderen Aufstellung des Axioms der Auswahl in dem Fall, wo Mengen vorliegen, von denen überhaupt kein Element wirklich angegeben werden kann. Stellen wir uns beispielsweise vor, CANTOR hätte seine Entdeckungen einige Jahrzehnte früher gemacht; dann würden sich die Mathematiker mit der Menge der transzendenten Zahlen beschäftigt haben, bevor man auch nur eine einzige transzendente Zahl als solche erkannt hätte. In diesem Fall wäre die ausdrückliche Auswahl einer einzigen transzendenten Zahl nicht möglich gewesen; dennoch hätte es das Axiom der Auswahl — und nur dieses — gestattet, eine Menge zu bilden, die nur eine einzige transzendente Zahl enthält.

Wir wollen uns nun fragen, ob und wo wir im Verlauf unserer früheren Betrachtungen das Auswahlprinzip stillschweigend benutzt haben und benutzen mußten.

Wir erinnern uns einmal des Rechnens mit unendlichen Kardinalzahlen, z. B., um einen besonders einfachen Fall vor Augen zu haben, der Addition zweier Kardinalzahlen $\mathfrak{m}$ und $\mathfrak{n}$ (vgl. S. 59). Es sei etwa M eine Menge von der Kardinalzahl $\mathfrak{m}$, N eine zu M elementefremde Menge von der Kardinalzahl $\mathfrak{n}$. Wir bildeten die Vereinigungsmenge $S = M + N$, bezeichneten die Kardinalzahl von S mit $\mathfrak{s}$ und definierten $\mathfrak{s}$ als die Summe der Kardinalzahlen $\mathfrak{m}$ und $\mathfrak{n}$. Damit diese Definition aber überhaupt einen eindeutigen Sinn enthalte, erkannten wir die Gültigkeit des folgenden Satzes als notwendig: Sind M und M' einerseits, N und N' andererseits je äquivalente Mengen, von denen weder M und N noch M' und N' gemeinsame Elemente aufweisen, so ist die Vereinigungsmenge $M + N$ äquivalent der Vereinigungsmenge $M' + N'$; würde dieser Satz nämlich nicht gelten, so würden wir bei der Addition der Kardinalzahlen $\mathfrak{m}$ und $\mathfrak{n}$ zu verschiedenen Summen gelangen, je nachdem wir z. B. M oder M' als Vertreterin einer Menge von der Kardinalzahl $\mathfrak{m}$ heranzögen.

Um nun den angeführten, für die Addition von Kardinalzahlen unerläßlichen Satz zu beweisen, mußten wir (vgl. S. 58) von *irgend einer* Abbildung zwischen den äquivalenten Mengen M und M' und ebenso von *irgend einer* Abbildung zwischen den äquivalenten Mengen N und N' ausgehen. Handelt es sich statt um nur zwei Kardinalzahlen um eine beliebige Menge von Kardinalzahlen, deren Summe gebildet werden soll, so treten an die Stelle der zwei Paare äquivalenter Mengen nunmehr zwei äquivalente Mengen, deren Elemente selbst Mengen darstellen, welche paarweise einander äquivalent sind; entsprechend wie vorhin haben wir dann zu jedem solchen Paar äquivalenter Mengen je eine Abbildung zwischen ihnen herauszugreifen und die Gesamtheit all dieser Abbildungen zu betrachten. Ohne hier näher auf die (auf S. 149, Fußnote zu beantwortende) Frage einzugehen, mit welchem Recht wir auf Grund unserer Axiome die Gesamtheit aller möglichen Abbildungen zwischen zwei gegebenen äquivalenten Mengen selbst als eine Menge auffassen dürfen, erkennen wir — diese Auffassung zugestanden — jedenfalls, daß wir aus jeder solchen Menge möglicher Abbildungen je eine einzige Abbildung ausgewählt denken müssen, um unseren Beweis durchführen zu können. *Wir bedurften also des Auswahlprinzips, um überhaupt das Rechnen mit Kardinalzahlen definieren und durchführen zu können.*

Als zweites Beispiel werde aus der großen Anzahl von Stellen, wo wir das Auswahlprinzip als wesentliches Glied in der Kette unserer Schlüsse stillschweigend benutzt haben, der Beweis des Wohlordnungssatzes angeführt. Wir betrachteten dort (S. 126), von einer beliebigen Menge M ausgehend, die Menge $\mathfrak{U}M$ aller Teilmengen von M; aus jedem Elemente von $\mathfrak{U}M$, d. h. aus jeder Teilmenge von M, dachten wir uns je ein einziges Element herausgegriffen und als das ausgezeichnete Element der betreffenden Teilmenge bezeichnet. Wir machten also gerade den weitestgehenden Gebrauch von jener Auswahl, die das Auswahlprinzip als zulässig erklärt; und eben diese Auswahl der ausgezeichneten Elemente ist das wesentlichste und entscheidende Hilfsmittel beim Beweis des Wohlordnungssatzes, aus dem wir dann (S. 128) das wichtige Ergebnis der Vergleichbarkeit beliebiger Mengen und beliebiger Kardinalzahlen gefolgert haben. Die Bedeutung der Auswahl für den Beweis des Wohlordnungssatzes und der Vergleichbarkeit ist sogar so entscheidend, daß man umgekehrt — bei Voraussetzung des Wohlordnungssatzes, aber ohne die Annahme der Zulässigkeit der Auswahl — auch aus dem Wohlordnungssatz das Auswahlprinzip herleiten kann; und will man etwa die Vergleichbarkeit beliebiger Mengen in bezug auf ihre Kardinalzahlen als selbstverständlich voraussetzen, so kann man auf rein deduktivem Weg von ihr aus zu dem Wohlordnungs satz und zur Möglichkeit der Auswahl gelangen [1]). Auswahlprinzip, Wohlordnungssatz und Vergleichbarkeit beliebiger Mengen sind also untereinander gleichwertig.

Obgleich das Auswahlprinzip in der Mengenlehre schon bei einem so elementaren Gegenstand, wie es die Addition der Mächtigkeiten ist, stillschweigend verwendet wird, wurden die Mathematiker (nach einem kurz vorher von Beppo Levi gemachten Hinweis) dennoch erst so recht durch Zermelos Beweis des Wohlordnungssatzes auf den von Zermelo selbst ausdrücklich hervorgehobenen Umstand aufmerksam, daß die allgemeine Möglichkeit der Auswahl eine besondere, aus den anderen Axiomen

[1]) Diese Tatsache ist jüngst von Hartogs bewiesen worden (Math. Ann., Bd. 76 (1915), S. 438).

wohl nicht ableitbare Voraussetzung darstellt. Von all den verschiedenartigen Einwänden, die gegen ZERMELOS Beweis erhoben worden sind, war denn auch der am wenigsten angreifbare derjenige, der das Auswahlprinzip nicht anerkennen will und demgemäß den Wohlordnungssatz als unbewiesen (und auch wohl unbeweisbar) betrachtet. Daß mit der Verwerfung des Auswahlprinzips gleichzeitig auch der Wohlordnungssatz fällt, ist allerdings zweifellos, und ebenso sicher ist, daß niemand logisch gezwungen werden kann, das Auswahlprinzip als zutreffend oder zulässig anzuerkennen; wer aber dieses Prinzip verwirft, nicht etwa weil es zu logischen Widersprüchen führte — denn solche haben sich in der axiomatisch begründeten Mengenlehre nicht gezeigt —, sondern weil es bisher in der Mathematik nicht anerkannt oder nicht benutzt worden sei, der kann grundsätzlich mit demselben Recht die gesamte Mengenlehre, ja überhaupt jede Wissenschaft und im besonderen auch die ganze Mathematik ablehnen, die ja ebenfalls letzten Endes auf unbewiesene, mehr oder minder einleuchtende Voraussetzungen (Axiome) sich gründet. Das Auswahlprinzip als weniger einleuchtend zu betrachten als alle anderen Axiome der Mathematik, dazu dürfte ein ernstlicher Grund nicht bestehen.

Zum Abschluß dieser Bemerkungen sei nochmals hervorgehoben, welch großer Unterschied besteht zwischen der im Auswahlprinzip enthaltenen Aussage, die Auswahl ausgezeichneter Elemente für eine beliebige Menge von Mengen sei immer *möglich*, und zwischen einer ausdrücklich angebbaren Vorschrift, *wie* in einem vorgelegten Fall die Auswahl wirklich vollzogen werden kann und soll. Ist z. B. die Menge aller natürlichen Zahlen: $A = \{1, 2, 3, \ldots\}$ gegeben und bedeutet $\mathfrak{U}A$ die Menge aller Teilmengen von A, so bedürfen wir nicht des Auswahlprinzips, um aus jeder in $\mathfrak{U}A$ vorkommenden Menge je ein Element auszuwählen. Denn es gibt ja in jeder Menge, die nur natürliche Zahlen (in endlicher oder unendlicher Anzahl) enthält, offenbar eine *kleinste* natürliche Zahl; wir können daher z. B. festsetzen: aus jeder in $\mathfrak{U}A$ enthaltenen Menge ist die kleinste in ihr enthaltene natürliche Zahl auszuwählen und als ausgezeichnetes Element der betreffenden Teilmenge von A zu betrachten. In diesem Fall läßt sich also die Auswahl mittels einer allgemeinen ausdrücklichen Vorschrift wirklich vollziehen, ohne daß man dabei auf das Auswahlprinzip angewiesen wäre.

Ganz anders gestaltet sich die Sachlage, wenn wir statt von der Menge aller natürlichen Zahlen etwa von der Menge C aller reellen Zahlen ausgehen. Wiederum bedeute $\mathfrak{U}C$ die Menge aller Teilmengen von C. Aus jeder dieser Teilmengen etwa durch die vorher ausgesprochene Vorschrift je ein ausgezeichnetes Element auszuwählen, ist nicht möglich. Denn es gibt keineswegs in jeder Menge von reellen Zahlen eine kleinste Zahl, wie z. B. die Menge *aller* reellen Zahlen oder die Menge *aller positiven* reellen Zahlen zeigt; in jeder dieser beiden Mengen gibt es nämlich zu jeder wie immer gegebenen in ihr enthaltenen Zahl eine noch kleinere. Es hat sich aber auch nicht als möglich erwiesen, durch eine allgemeine Vorschrift anderer Art aus allen Teilmengen der Menge aller reellen Zahlen je ein augezeichnetes Element auszuwählen[1]; mit anderen Worten: es ist nach dem Auswahlprinzip zwar möglich, in jeder der in $\mathfrak{U}C$ vorkommenden Mengen je ein Element gewählt zu denken — aber die wirkliche Durchführung dieser Auswahl, d. h. die Angabe einer (mathematischen oder sonstwie gearteten) Regel, nach der sie vollzogen werden kann und soll, ist damit keineswegs ermöglicht. Dieser Unterschied zwischen der nur denkmöglichen und der wirklich durchführbaren Auswahl überträgt sich ganz von selbst auch auf die Wohlordnung. Denn nach dem Wohlordnungssatz muß die Menge aller reellen Zahlen zwar einer Wohlordnung fähig sein; eine solche Wohlordnung aber (etwa auf Grund des Gedankengangs des ZERMELOschen Beweises) wirklich herzustellen, d. h. die Gesamtheit aller reellen Zahlen in eine wohlgeordnete Reihe anzuordnen, ist eben deshalb vorläufig nicht möglich, weil die Kenntnis einer wirklichen Auswahl von ausgezeichneten Elementen aus den in $\mathfrak{U}C$ vorkommenden Mengen als unerläßliche Vorbedingung dazu erscheint. In der Tat hat der Wohlordnungssatz nicht dazu verholfen, die Elemente irgendeiner Menge, die man nicht schon ohnehin wohlordnen konnte, zu einer wohlgeordneten Menge anzuordnen; so ist es namentlich nicht gelungen, eine Wohlordnung der Menge C aller reellen Zahlen (des „Kontinuums“) anzugeben. Da die Menge C wie jede Menge nach dem Wohlordnungssatz jedenfalls überhaupt einer Wohlordnung fähig ist,

[1]) Der mit der Theorie der Punktmengen vertraute Leser vergleiche hierzu die Darstellung bei HAUSDORFF (siehe Literaturverzeichnis auf S. 155), S. 429 f.

so muß die Kardinalzahl von C, die wir mit $\mathfrak{c}$ bezeichnet haben, sicherlich in der Reihe der Kardinalzahlen unendlicher wohlgeordneter Mengen (S. 120), d. h. in der Reihe $\aleph_0$, $\aleph_1$, $\aleph_2$ usw., irgendwo vorkommen; die Kardinalzahl $\mathfrak{c}$ wird also, da sie überdies nach S. 120 größer ist als $\aleph_0$ (weil C nicht abzählbar ist), mit einem der Alefs $\aleph_1$, $\aleph_2$, $\aleph_3$ usw. identisch sein, und die Mathematiker haben sich große Mühe gegeben, die Frage, mit *welchem* dieser Alefs die Mächtigkeit $\mathfrak{c}$ identisch ist (d. i. das schon auf S. 48 erwähnte sogen. Kontinuumproblem), zu beantworten. Aber so wahrscheinlich es auch ist, daß $\mathfrak{c}$ gleich $\aleph_1$ ist, also die zweitkleinste unendliche Kardinalzahl darstellt, so hat sich doch ein Beweis dieser Vermutung nicht erbringen lassen, und auch der Wohlordnungssatz hat aus dem angeführten Grund keine Handhabe dazu geliefert. Eben dieser Umstand, daß das Auswahlprinzip und der Wohlordnungssatz mangels wirklicher Herstellbarkeit der Auswahl und der Wohlordnung kein Hilfsmittel zur Lösung von Aufgaben der angeführten Art liefern, hat einen Hauptanlaß zu dem Mißtrauen und der ablehnenden Stellung einiger Mathematiker gegenüber beiden Sätzen gegeben; diese Beurteilung dürfte aber nicht berechtigt sein, wenn man sich nur stets des nicht nur logisch, sondern auch mathematisch bedeutungsvollen Unterschieds zwischen der gedanklichen Möglichkeit und der wirklichen Durchführbarkeit einer Operation klar bewußt bleibt.

Nach dieser Würdigung des Auswahlprinzips mögen an die Zermeloschen Axiome noch einige kurze und nur andeutende Bemerkungen angefügt werden über den Weg, auf dem man nach Zermelo von den Axiomen zu den wichtigsten mengentheoretischen Begriffen gelangt, namentlich zu dem (von uns im Vorstehenden bereits wiederholt verwendeten) Begriff der Äquivalenz und dem der Ordnung (und Wohlordnung). Diese Begriffe kommen (ebenso wie z. B. der Begriff der Ähnlichkeit) in den Axiomen nicht vor; sie müssen daher besonders definiert werden, und zwar ohne Heranziehung neuer, in den Axiomen nicht vorkommender Begriffe, wie z. B. der Begriff „Zuordnung" einen solchen darstellen würde. Zu einer Definition der Äquivalenz zweier Mengen kann man nun durch folgende Überlegung gelangen: Sind M und N zwei äquivalente Mengen, die keine gemeinsamen Elemente aufweisen, so läßt sich eine umkehrbar eindeutige Zuordnung zwischen ihnen offenbar deuten als die Bildung einer Menge von Elementepaaren (m, n), deren einer Bestandteil m je ein Element von M darstellt, während der andere Bestandteil n jeweils zur Menge N gehört; dabei ist es ausgeschlossen, daß in zwei verschiedenen Elementepaaren das nämliche Element m oder das nämliche Element n vorkommt, ein Umstand, in dem sich der *umkehrbar eindeutige* Charakter der Zuordnung ausdrückt. Man kann nun diesen Gedankengang umkehren und, wenn zwei Mengen M und N ohne gemeinsame Elemente gegeben sind, die Aufgabe stellen, eine Menge von Elementepaaren (m, n) von folgenden Eigenschaften zu bilden: 1) m durchläuft alle Elemente von M, n alle Elemente von N; 2) in zwei verschiedenen Elementepaaren kommt niemals das nämliche Element aus M oder aus N vor. Ist diese Aufgabe lösbar, so liefert uns jede Lösung eine Abbildung zwischen M und N, diese beiden Mengen sind dann jedenfalls äquivalent; ist dagegen die Bildung einer derartigen Menge von Elementepaaren unmöglich, so existiert keine umkehrbar eindeutige Zuordnung zwischen M und N, diese Mengen sind also nicht äquivalent. Da überdies die Bildung derartiger Mengen von Elementepaaren, falls solche überhaupt existieren, auf Grund unserer Axiome (namentlich derjenigen der Vereinigung, der Potenzmenge und der Aussonderung) auch wirklich möglich ist[1]) und da ferner die Übertragung dieses Gedankengangs auch auf Mengen M und N, die gemeinsame Elemente aufweisen, keine grundsätzlichen Schwierigkeiten bietet, so ist hiermit der Begriff der Äquivalenz aus den Axiomen abgeleitet.

Zu dem Begriff der *Ordnung* (der geordneten Menge) gelangt man von den Axiomen auf folgende Art: Ist M eine geordnete

[1]) Der in den vorangehenden Überlegungen öfters erforderlich gewesene Nachweis, daß gewisse Mengen auf Grund der Axiome zulässig sind, möge für diesen Fall einmal vollständig durchgeführt werden (während sonst Andeutungen genügen mußten); dabei wird sich im besonderen auch die Möglichkeit der Bildung der Verbindungsmenge $M \cdot N$ erweisen. Die Mengen M und N werden als gegeben vorausgesetzt, sind also zulässige Mengen. Es werde zunächst gezeigt, daß die Gesamtheit P *aller* aus je einem Elemente von M und N bestehenden Mengen $\{m, n\}$ selbst eine Menge — eben die Verbindungsmenge $M \cdot N$ (vgl. S. 62) — darstellt. Zu diesem Nachweis bilden wir gemäß dem Axiom der Vereinigung die Vereinigungsmenge S von M und N, die alle Elemente m und n aus beiden Mengen umfaßt, und bedenken, daß in der nach dem Axiom der Potenzmenge existierenden Menge $\mathfrak{U}S$ alle Teilmengen von S vorkommen, im besonderen also auch alle Mengen der Form $\{m, n\}$; P ist demnach eine

Menge und m irgendein Element von M, so mag die Menge aller auf m nachfolgenden Elemente von M als ein Rest von M bezeichnet werden, genauer: als der zu m gehörige Rest von M; jeder Rest von M ist also eine Teilmenge von M, und die Menge R *aller* Reste von M ist demnach eine Teilmenge der Menge $\mathfrak{U}M$, die nach dem Axiom der Potenzmenge existiert. Die Menge R besitzt nun gewisse, für sie charakteristische Eigenschaften, auf die hier nicht näher eingegangen werden soll; ferner wird durch die Menge R die Art der Anordnung der Elemente von M vollständig und eindeutig festgelegt[1]). Wir können daher definieren: Eine Menge M heißt ordnungsfähig, wenn $\mathfrak{U}M$ eine Teilmenge R von den in Frage stehenden charakteristischen Eigenschaften enthält, und zwar gehört zu jeder bestimmten derartigen Menge R je eine bestimmte Ordnung von M. Aus der Definition der geordneten Menge folgt dann leicht diejenige der wohlgeordneten Menge. Übrigens ist nach dem Wohlordnungssatz *jede* Menge ordnungsfähig.

Der Leser hat hiermit wenigstens andeutungsweise einige besonders wichtige Etappen des Weges kennengelernt, auf dem man, ausgehend von den sieben Axiomen, zu allen wesentlichen Teilen der CANTORschen Mengenlehre auf deduktivem Wege gelangt. Dagegen bleibt für die logischen Paradoxien innerhalb des Rahmens der solcherart neubegründeten Mengenlehre kein Raum; denn z. B. die Menge aller Mengen, die sich selbst nicht enthalten, oder die Menge aller Ordnungszahlen können auf Grund jener sieben Axiome nicht gebildet werden, gelten uns also vom jetzigen Standpunkt aus nicht mehr als Mengen. Die mittels der axiomatischen

---

gewisse, durch die vorangehende Beschreibung völlig charakterisierte Teilmenge von $\mathfrak{U}S$, also nach dem Axiom der Aussonderung in der Tat eine zulässige Menge. Unser Ziel ist nun, eine besondere Menge von Elementepaaren $\{m, n\}$ — d. h. eine Teilmenge von P — zu bilden, die auch noch die zweite oben im Text angegebene Eigenschaft besitzt. Enthält P eine derartige Teilmenge, so vermittelt jede solche Teilmenge eine Abbildung zwischen M und N, die diese beiden Mengen als äquivalent erweist, und alle möglichen derartigen Teilmengen von P stellen die Gesamtheit aller Abbildungen zwischen M und N dar, die wiederum — als Teilmenge der Menge $\mathfrak{U}P$ — eine zulässige Menge ist; existiert dagegen keine Teilmenge von P mit der geforderten Eigenschaft, so besagt dies, daß die Herstellung einer Abbildung zwischen M und N unmöglich ist, die beiden Mengen also nicht äquivalent sind.

[1]) Vgl. hierzu den Anhang der auf S. 145 zitierten Arbeit von HARTOGS

Methode neu aufgebaute Mengenlehre vermeidet also die Widersprüche, die in den Paradoxien der CANTORschen Mengenlehre liegen, und berechtigt uns zu dem Vertrauen, daß neue Widersprüche sich nicht aus ihr ergeben werden. Wir werden daher mit gutem Recht die CANTOR-ZERMELOsche Mengenlehre als eine Wissenschaft von gleicher Sicherheit und Folgerichtigkeit betrachten dürfen wie jede andere mathematische Disziplin und die transfiniten Kardinal- und Ordnungszahlen als ebenso vollberechtigte Bürger des mathematischen (und auch des logischen) Königreichs wie irgendwelche andere mathematische und logische Begriffe.

§ 13. Schluß.

Wir haben das von CANTOR in kühner Intuition errichtete, von ZERMELO und anderen mit bedachtsamem Scharfsinn ausgebaute und befestigte Gebäude der Mengenlehre nunmehr in seinen Grundlinien kennengelernt; wir haben uns dabei gewisse, namentlich auch grundsätzlich bedeutsame Aufgaben und Fragen etwas genauer vor Augen geführt, während entsprechend dem Umfang und Ziel dieser Schrift andere ausgedehnte und wichtige Teile der heute schon sehr umfassenden und weitverzweigten mengentheoretischen Wissenschaft — darunter vor allem die Theorie der Punktmengen — entweder nur flüchtig gestreift oder überhaupt nicht berührt werden konnten. Der Leser, der (sei es aus mathematischem oder aus philosophischem Interesse) sich eingehender mit dem Gegenstand beschäftigen möchte, sei — auch für weitere Literaturangaben — auf die am Ende aufgeführten und kurz charakterisierten Schriften verwiesen.

Nach der Natur der Fragen, mit denen wir uns vornehmlich beschäftigt haben und die in der Tat den grundsätzlichen Kern des mengentheoretischen Gebäudes darstellen, könnte es den Anschein haben, als wäre die Mengenlehre vornehmlich aus philosophischem Interesse erwachsen, insbesondere aus der Frage nach der logischen Berechtigung des Begriffs des Unendlichgroßen und nach seiner arithmetischen Verwendbarkeit. Gewiß haben Gedankengänge dieser Art ihren Anteil an dem CANTORschen Lebenswerk gehabt, sie waren namentlich bedeutungsvoll für das Schaffen B. BOLZANOs, der in seinen (lange Zeit viel zu wenig gewürdigten) „Paradoxien der Mengenlehre“ (posthum herausgegeben,

Leipzig 1851) gar manche der entscheidenden Ideen CANTORS schon zu entwickeln versucht hat, aber trotz bewunderungswürdiger Weitsicht an dem Mangel einer einwandfreien und systematischen Begründung gescheitert ist. Allein in erster Linie war es ein anderes, ausschließlich mathematisches Interesse, das CANTOR zu seinen Überlegungen und Entdeckungen führte: in vielen Teilen der Analysis (z. B. in der Theorie der FOURIERschen Reihen, bei der Integration unstetiger Funktionen) war man zu Fragestellungen gekommen, die eine Heraushebung gewisser unendlicher Mengen von reellen Zahlen (oder Punkten) aus der *Gesamtheit* aller reellen Zahlen zwischen zwei festen Zahlen (oder aller Punkte einer Strecke) erforderlich machten, also zu Fragen, die wir heute zur Theorie der linearen Punktmengen rechnen. Schon vor CANTOR hatten sich namentlich H. HANKEL und PAUL DU BOIS-REYMOND mit derartigen Fragen beschäftigt, sie konnten aber mangels eines methodischen Werkzeugs keine wesentlichen Erfolge erzielen; erst CANTOR erkannte so recht — nicht mit einemmal, aber mit allmählich immer kühner und kühner werdendem Schwung —, daß neuartige Hilfsmittel zur Bewältigung jener Aufgaben erforderlich seien, und schuf wesentlich zu diesem Zweck seine Mengenlehre, die er freilich dann mehr und mehr um ihrer selbst willen ausbaute und durch systematische Darstellung zum Rang einer selbständigen mathematischen Disziplin erhob.

Neben diesen beiden vornehmlichen Quellen sind es noch zwei weitere, die mit beigetragen haben zur Beschäftigung mit Fragen, welche in unser Gebiet fallen. Einmal sind dies Gedankengänge aus dem Bereich der reinen Geometrie, in der z. B. gewisse unendliche Mengen von Punkten, Geraden und Ebenen eine wichtige Rolle spielen. Zweitens ist hier die Lehre von den gewöhnlichen ganzen Zahlen anzuführen, um deren Förderung sich namentlich DEDEKIND grundsätzliche Verdienste erworben hat; bei seinen einschlägigen Arbeiten wurde er zu Überlegungen geführt wie denjenigen, von denen auf S. 15 und 141 die Rede war, und zu weiteren, die (wie z. B. die Methode der „Ketten") eine wesentliche Bedeutung in der Mengenlehre erlangt haben[1]. Mit den Hilfsmitteln der Mengenlehre, namentlich auf Grund der Theorie der wohlgeordneten Mengen, ist es übrigens möglich, die Lehre von den ganzen

---

[1]) Auch der Begriff der *Abbildung* stammt von DEDEKIND.

Zahlen auf sehr allgemeine Grundlagen zu stellen[1]; will man so verfahren, so darf man freilich, um Zirkelschlüsse zu vermeiden, bei der Begründung der Mengenlehre die Eigenschaften der ganzen Zahlen nicht voraussetzen, eine Beschränkung, deren konsequente Durchführung jedenfalls schwierig ist und durch die der Aufbau der Mengenlehre noch sehr viel abstrakter wird. Ob es überhaupt ohne Zirkelschluß möglich und ob es sachlich gerechtfertigt ist, diesen Weg zu verfolgen, bleibe hier außer Erörterung.

Abgesehen von diesen besonderen Anwendungen fällt der Mengenlehre als dem allgemeinsten Zweig der Mathematik noch die bedeutsame Aufgabe zu, eine Reihe wichtiger Grundbegriffe der Mathematik — und zwar der Arithmetik und Analysis wie auch der Geometrie — methodisch zu untersuchen und zu einem möglichst reinen und gesicherten Aufbau der Grundlagen aller mathematischen Wissenschaften wertvolle Hilfsmittel beizutragen. Die großen Erfolge, die die Mengenlehre in all den genannten Beziehungen schon gegenwärtig aufzuweisen hat, haben bewirkt, daß dieser mathematische Wissenszweig trotz seiner Jugend heute schon einen wichtigen, ja einen bevorzugten Platz innerhalb des Gesamtgebietes der Mathematik einnimmt. Und wenn bis in das letzte Jahrzehnt des vorigen Jahrhunderts hinein CANTOR und seine Ideen nur bei einem beschränkten Kreise seiner mathematischen Zeitgenossen Anerkennung und Würdigung gefunden haben, so hat sich dies seither ziemlich rasch völlig verändert; die Mengenlehre wird nunmehr innerhalb der Mathematik allgemein benutzt und weit über die Grenzen der Fachmathematiker hinaus studiert. Diese ihre heutige Wertschätzung aber liegt zu einem wesentlichen Teil an dem nämlichen Umstand, der ihr zunächst die allgemeine Anerkennung vorenthielt: sie stellt einen der größten und kühnsten Schritte dar, die die mathematische Entwicklung jemals getan hat, einen Schritt, der eine wissenschaftliche Revolution von nicht geringerer Tragweite bedeutet als das KOPERNIKANISCHE Weltsystem in der Astronomie oder die EINSTEINsche Relativitätstheorie in der Physik.

[1]) Vgl. ZERMELOS Aufsatz in den Acta Mathematica, Bd. 32 (1909), S. 185—193.

Literatur.

Es sollen hier (in historischer Reihenfolge) nur einige wenige, vollständig der Mengenlehre gewidmete Schriften angeführt werden. Die meisten ausführlicheren modernen Lehrbücher der Funktionentheorie enthalten übrigens eine mehr oder minder weitgehende Einführung in die Mengenlehre.

1. G. Cantor hat seine zahlreichen, die allmähliche Entwicklung der Ideen deutlich zeigenden und auch leicht lesbaren Aufsätze über Fragen unseres Gebiets von 1874 bis 1897 in verschiedenen Bänden des Journ. f. Math., der Math. Annalen, der Acta Mathematica, der Ztschr. f. Philosophie u. philos. Kritik und in anderen Zeitschriften veröffentlicht; viele davon sind in fremde Sprachen übertragen worden (vgl. namentlich die französischen Übersetzungen im 2. Bd. der Acta Mathematica). Besonders hervorzuheben sind die Abhandlungen „Über unendliche, lineare Punktmannichfaltigkeiten", 5 und 6, im 21. u. 23. Bd. der Math. Ann. (1883 u. 1884), von denen die erstere auch als selbständige Schrift u. d. T. „Grundlagen einer allgemeinen Mannigfaltigkeitslehre" (Leipzig 1883) erschienen ist, sowie die beiden, Cantors Lebenswerk abschließenden „Beiträge zur Begründung der transfiniten Mengenlehre", I und II, im 46. u. 49. Bd. der Math. Ann. (1895 u. 1897). Eine (von Wangerin stammende) Biographie Cantors, die auch eine Zusammenstellung seiner Schriften enthält, findet man in der Zeitschrift „Leopoldina" (der Leop. Carol. Deutschen Akademie der Naturforscher in Halle), Jahrg. 1918, S. 10.
2. A. Schoenflies, Die Entwickelung der Lehre von den Punktmannigfaltigkeiten. 1. Teil (Leipzig 1900), 2. Teil (Leipzig 1908); Jahresber. d. Deutsch. Mathematiker-Vereinigung, 8. Bd. und 2. Ergänzungsband. Eine moderne Umarbeitung der ersten Hälfte des 1. Teils ist erschienen u. d. T.: Entwickelung der Mengenlehre und ihrer Anwendungen, 1. Hälfte (Leipzig 1913).

   Dieses ursprünglich auf Veranlassung der Deutschen Mathematikervereinigung entstandene Werk ist weniger zur *Einführung* in die Mengenlehre bestimmt, als es vielmehr den vorliegenden Stoff in seiner gewaltigen Fülle zu sammeln und seinem historischen und sachlichen Zusammenhang nach darzustellen versucht. Demgemäß sind die Beweise nicht immer vollständig ausgeführt, sodaß das Werk nicht eigentlich als Lehrbuch in Betracht kommt, vielmehr als — erstaunlich inhaltsreiches — Nachschlagewerk und als Ausgangspunkt für den Forscher.

3. G. Hessenberg, Grundbegriffe der Mengenlehre (Göttingen 1906). Diese als Sonderdruck aus der neuen Folge der „Abhandlungen der Friesschen Schule“ (I. Bd., 4. Heft) erschienene Schrift sei namentlich demjenigen empfohlen, dem es weniger um eine Fülle mathematischer Ergebnisse zu tun ist als um eine leicht lesbare und zusammenhängende Darstellung derjenigen Gedankengänge, die für den Begriff des Unendlichgroßen, seine Begründung und seine Kritik mathematisch wie logisch entscheidend sind. Vom gleichen Verfasser ist übrigens eine besonders moderne, aber sehr gedrängte und nur dem mathematisch geübten Leser zu empfehlende Darstellung der Grundzüge der Mengenlehre erschienen im „Taschenbuch f. Mathematiker u. Physiker“, 3. Jahrgang (Leipzig 1913).

4. F. Hausdorff, Grundzüge der Mengenlehre (Leipzig 1914). Dieses Buch stellt das erste und bisher einzige eigentliche Lehrbuch der Mengenlehre in deutscher Sprache dar. Es behandelt unter Innehaltung bestimmter Grenzen einen außerordentlich reichen Stoff, darunter auch vieles von den eigenen ausgedehnten Forschungen des Verfassers, und enthält zu allen vorkommenden Sätzen die vollständig ausgeführten Beweise; immerhin erfordert die Lektüre einige mathematische Geübtheit.

In bezug auf die wichtigste mathematische Anwendung der abstrakten Mengenlehre, nämlich die Theorie der Punktmengen (und die an sie anschließende Lehre von den Funktionen und ihren Integralen), seien die folgenden Werke erwähnt, von denen das erstgenannte sowohl wegen der Fülle des enthaltenen und systematisch verarbeiteten Stoffes wie auch wegen der reichen Literaturangaben besonders hervorzuheben ist:

C. Carathéodory, Vorlesungen über reelle Funktionen (Leipzig 1918).

H. Lebesgue, Leçons sur l'intégration et la recherche des fonctions primitives (Paris 1904).

W. H. Young and G. Ch. Young, The theory of sets of points (Cambridge 1906).

Register.

GPSR Compliance

The European Union's (EU) General Product Safety Regulation (GPSR) is a set of rules that requires consumer products to be safe and our obligations to ensure this.

If you have any concerns about our products, you can contact us on ProductSafety@springernature.com

In case Publisher is established outside the EU, the EU authorized representative is:

Springer Nature Customer Service Center GmbH
Europaplatz 3
69115 Heidelberg, Germany

Batch number: 10682323

Printed by Printforce, the Netherlands